高等职业教育自动化类专业规划教材

电工基本技能

主　编　宋阳　　徐伟伟　　李克培

副主编　刘坤　张翠玲　许洪龙　宋清龙　李志鹏

电子工业出版社

Publishing House of Electronics Industry

北京·BEIJING

内 容 简 介

本书主要包括安全用电及防护措施、常用电工工具和电工仪表的使用、电工材料与低压电器的使用、室内照明电路的安装与维修、三相异步电动机的控制原理与安装、变压器的检修与维护和继电-接触器控制电路分析及故障排除。

本书可作为职业教育机电一体化、电气自动化等专业教材,也可作为电工考证培训用书。

未经许可,不得以任何方式复制或抄袭本书之部分或全部内容。
版权所有,侵权必究。

图书在版编目(CIP)数据

电工基本技能/宋阳,徐伟伟,李克培主编. —北京:电子工业出版社,2016.6
高等职业教育自动化类专业规划教材
ISBN 978-7-121-28561-5

Ⅰ.①电… Ⅱ.①宋… ②徐… ③李… Ⅲ.①电工技术-高等学校-教材 Ⅳ.①TM

中国版本图书馆 CIP 数据核字(2016)第 073612 号

策划编辑:朱怀永
责任编辑:底 波
印　　刷:北京京师印务有限公司
装　　订:北京京师印务有限公司
出版发行:电子工业出版社
　　　　　北京市海淀区万寿路 173 信箱　邮编　100036
开　　本:787×1092　1/16　印张:14.25　字数:361 千字
版　　次:2016 年 6 月第 1 版
印　　次:2016 年 6 月第 1 次印刷
印　　数:3000 册　定价:31.80 元

凡所购买电子工业出版社图书有缺损问题,请向购买书店调换,若书店售缺,请与本社发行部联系,联系及邮购电话:(010)88254888,88258888。

质量投诉请发邮件至 zlts@phei.com.cn,盗版侵权举报请发邮件至 dbqq@phei.com.cn。
本书咨询联系方式:zhy@phei.com.cn。

前　言

"电工基本技能"是高等职业院校机电类专业的一门基础技能课程，它的任务是通过课程教学使学生具备高素质劳动者和中、高级专门人才必需的电工基本工艺知识和基本技能，为学生学习专业知识和职业技能，增强适应职业变化能力和提高继续学习的能力打下一定的基础。

本书共分为七个项目，主要包括安全用电及防护措施、常用电工工具和电工仪表的使用、电工材料与低压电器的使用、室内照明电路的安装与维修、三相异步电动机的控制原理与安装、变压器的检修与维护和继电-接触器控制电路分析及故障排除。

本书从提高学生全面素质出发，以培养能力为主线，力求体现职业教育的特点，针对学生现有水平，确定本书内容和知识深度。根据职业院校学生职业资格达标情况，确定各层次的学生需达到以下水平：维修电工（中级）需要完成项目一～项目六的学习，维修电工（高级）、维修电工（技师）需要完成项目一～项目七的学习。

作为教材，编者力图做到兼顾基础性、系统性、实用性和先进性。本书具有以下主要特点：

（1）以工作过程为导向，典型工作任务为基点，综合理论知识、操作技能和职业素养为一体的思路设计。力求将理论知识的传授和学生实践能力的培养有机地结合在一起，为学生后续课程的学习乃至今后的工作打下坚实的电路方面的理论与实践基础。

（2）在实训内容上除注重电工传统的基本技术能力外，还突出新技术的学习和训练，力求实现与现代先进技术相结合，与时俱进，不断适应和满足现代社会对电工人才的需求。

（3）文字阐述方面层次清楚、概念准确、通俗易懂、深入浅出。内容阐述循序渐进，富于启发性，便于自学。

（4）适用面宽。本书从内容、写法上都考虑了为不同层次学生和不同学时各专业的使用。

编写本书时，参阅了许多同行专家编著的教材和资料，得到了不少启发和教益，在此致以诚挚的谢意！

由于编者水平有限，书中难免存在不足之处，敬请读者指正。

编　者

2016 年 3 月

目　录

项目一

安全用电及防护措施

所谓安全用电，是指电气工作人员及其他人员在既定的环境条件下，采取必需的措施和手段，在保护人身及设备安全的前提下，正确使用电力。当人体触及到带电体，或与高压带电体之间的距离小于放电距离，以及带电操作不当时所引起的强烈电弧，都会使人体受到电的伤害，以上这些情况，称之为触电。

任务一　触电急救常识

学习知识要点：

1. 了解电流对人体危害以及安全用电基本常识；
2. 了解生活中常见的触电方式；
3. 掌握生活中触电的急救方法。

职业技能要点：

1. 掌握电流对人体的危害及触电类型；
2. 掌握触电时的急救技能。

 任务描述

在日常生活中，有效安全使用电能，除了认识和掌握电的性能和它的客观规律外，还必须了解安全用电知识、技术和措施。本任务将主要介绍安全用电的基本常识、触电方式及急救方法。

任务分析

本任务主要通过对安全用电基本知识的讲解，要求学生掌握日常基本用电知识以及触电急救方法。通过数据论证、图片演示、视频展示以及现场模拟等环节要求学生熟练掌握安全用电常识与急救方法。

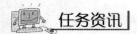 任务资讯

一、人体触电

1. 触电的种类

电流对人体的危害分为电击和电伤两类。

（1）电击——致命的

电击是指电流通过人体内部，破坏人体内部组织，影响呼吸系统、心脏及神经系统的正常功能，甚至危及生命。在触电事故中，电击和电伤常会同时发生。

（2）电伤——非致命的

电伤是指电流的热效应、化学效应、机械效应及电流本身作用造成的人体伤害。电伤会在人体皮肤表面留下明显的伤痕，常见的有灼伤、电烙伤和皮肤金属化等现象。

2. 电流伤害人体的因素

（1）电流大小对人体的影响

通过人体的电流越大，人体的生理反应就越明显，感应就越强烈，引起心室颤动所需的时间就越短，致命的危害就越大。按照通过人体电流的大小和人体所呈现的不同状态，工频交流电大致分为下列三种。

① 感觉电流：指引起人的感觉的最小电流（1～3mA）。

② 摆脱电流：指人体触电后能自主摆脱电源的最大电流（10mA）。

③ 致命电流：指在较短的时间内危及生命的最小电流（30mA）。

（2）电流的类型

工频交流电的危害性大于直流电，因为交流电主要是麻痹破坏神经系统，往往难以自主摆脱。一般认为 40～60Hz 的交流电对人最危险。随着频率的增加，危险性将降低。当电源频率大于 2000Hz 时，所产生的损害明显减小，但高压高频电流对人体仍然是十分危险的。

（3）电流的作用时间

人体触电，当通过电流的时间越长，越易造成心室颤动，生命危险性就越大。据统计，触电 1～5min 内急救，90％有良好的效果，10min 内有 60％救生率，超过 15min 希望甚微。

（4）电流路径

电流通过头部可使人昏迷；通过脊髓可能导致瘫痪；通过心脏会造成心跳停止，血液循环中断；通过呼吸系统会造成窒息。因此，从左手到胸部是最危险的电流路径；从手到手、从手到脚也是很危险的电流路径；从脚到脚是危险性较小的电流路径。

（5）人体电阻

人体电阻是不确定的电阻，皮肤干燥时一般为 100kΩ 左右，而一旦潮湿可降到 1kΩ。人体不同，对电流的敏感程度也不一样，一般地，儿童较成年人敏感，女性较男性敏感。患有心脏病者，触电后的死亡可能性就更大。

（6）安全电压

安全电压是指人体不戴任何防护设备时，触及带电体不受电击或电伤。人体触电的本质是电流通过人体产生了有害效应，然而触电的形式通常都是人体的两部分同时触及了带电体，而且这两个带电体之间存在着电位差。因此在电击防护措施中，要将流过人体的电流限制在无危险范围内，也即将人体能触及的电压限制在安全的范围内。国家标准制定了安全电压系列，称为安全电压等级或额定值，这些额定值指的是交流有效值，分别为42V、36V、24V、12V、6V 等几种。

 小提醒

通过人体电流的大小与触电电压和人体电阻有关。

二、人体触电形式

人体触电主要原因有两种：直接触电和间接触电。

1. 直接触电

人体直接接触带电设备称为直接触电。直接接触又可分为单相接触和两相接触。

（1）单相触电

当人站在地面上或其他接地体上，人体的某一部位触及一相带电体时，电流通过人体流入大地（或中性线），称为单相触电，如图 1-1 所示。图 1-1（a）为电源中性点接地运行方式时，单相的触电电流途径。图 1-1（b）为中性点不接地的单相触电情况。一般情况下，接地电网里的单相触电比不接地电网里的危险性大。

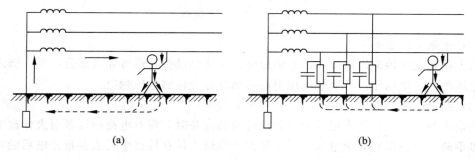

（a）　　　　　　　　　　　　　　　　（b）

图 1-1　单相触电

 小提醒

要避免单相触电，操作时必须穿上胶鞋或站在干燥的木凳上。

（2）两相触电

两相触电是指人体两处同时触及同一电源的两相带电体，以及在高压系统中，人体距离高压带电体小于规定的安全距离，造成电弧放电时，电流从一相导体流入另一相导体的触电方式，如图 1-2 所示。两相触

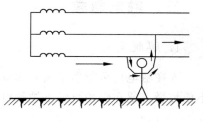

图 1-2　两相触电

3

电加在人体上的电压为线电压，因此不论电网的中性点接地与否，其触电的危险性都最大。

2. 间接触电

人体接触正常时不带电、事故时带电的导电体，如电气设备的金属外壳、框架等，称为间接触电。

间接触电主要有跨步电压触电、接触电压触电和剩余电荷触电。

（1）跨步电压触电

当带电体接地时有电流向大地流散，在以接地点为圆心，半径 20m 的圆面积内形成分布电位。人站在接地点周围，两脚之间（以 0.8m 计算）的电位差称为跨步电压 U_k，如图 1-3 所示，由此引起的触电事故称为跨步电压触电。高压故障接地处，或有大电流流过的接地装置附近都可能出现较高的跨步电压。离接地点越近、两脚距离越大，跨步电压值就越大。一般 10m 以外就没有危险。

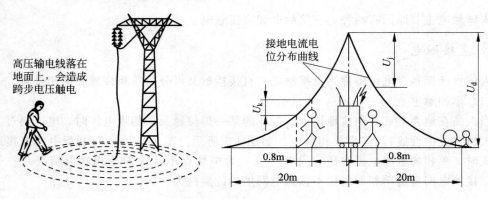

图 1-3　跨步电压触电

（2）接触电压触电

当人站在发生接地短路故障设备旁边时，手接触设备外露可导电部分，手、脚之间承受的电压称为接触电压。由接触电压引起的触电称为接触电压触电。

（3）剩余电荷触电

剩余电荷触电是指当人触及带有剩余电荷的设备时，带有电荷的设备对人体放电造成的触电事故。设备带有剩余电荷，通常是由于检修人员在检修中摇表测量停电后的并联电容器、电力电缆、电力变压器及大容量电动机等设备时，检修前、后没有对其充分放电所造成的。

三、触电急救

1. 解脱电源

人在触电后可能由于失去知觉或超过人的摆脱电流而不能自己脱离电源。此时抢救者不要惊慌，要在保护自己不被触电情况下使触电者脱离电源，方法如图 1-4 所示。

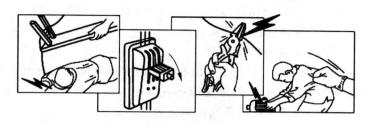

图 1-4 使触电者迅速脱离电源

2. 触电的急救方法

（1）口对口人工呼吸法

人的生命的维持，主要靠心脏跳动而产生血循环和通过呼吸而形成的氧气与废气的交换。如果触电人伤害较严重，失去知觉，停止呼吸，但心脏微有跳动，就应采用口对口的人工呼吸法。

小提醒

口诀：张口捏鼻手抬颌，深吸缓吹口对紧；

张口困难吹鼻孔，5秒一次坚持吹。

① 迅速解开触电人的衣服、裤带，松开上身的衣服、护胸罩和围巾等，越快越好。

② 使触电人仰卧，不垫枕头，迅速清除其口腔内的血块、假牙及其他异物等，如图 1-5（a）所示。

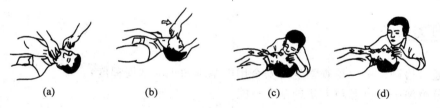

(a)　　　　(b)　　　　(c)　　　　(d)

图 1-5 口对口（鼻）人工呼吸法

③ 救护人员用一只手捏紧其鼻孔，不使漏气，另一只手将其下巴拉向前下方，使其嘴巴张开，嘴上可盖上一层纱布，准备吹气。

④ 救护人员做深呼吸后，紧贴触电人的嘴巴，向他大口吹气。同时观察触电人胸部隆起的程度，一般应以胸部略有起伏为宜。

⑤ 救护人员吹气至需换气时，应立即离开触电人的嘴巴，并放松触电人的鼻子，让其自由排气。这时应注意观察触电人胸部的复原情况，倾听口鼻处有无呼吸声，从而检查呼吸是否阻塞。

小提醒

在现场抢救中，不能打强心针，也不能泼冷水。

（2）人工胸外挤压心脏法

若触电人伤害得相当严重，心脏和呼吸都已停止，人完全失去知觉，则需同时采用口对口人工呼吸和人工胸外挤压两种方法。如果现场仅有一个人抢救，可交替使用这两种方法，先胸外挤压心脏 4～6 次，然后口对口呼吸 2～3 次，再挤压心脏，反复循环进行操作。人工胸外挤压心脏的具体操作步骤如下：

① 解开触电人的衣裤，清除口腔内异物。

② 使触电人仰卧，姿势与口对口吹气法相同，但背部着地处的地面必须牢固。

③ 救护人员位于触电人一边，最好是跨跪在触电人的腰部，将一只手的掌根放在心窝稍高一点的地方，中指指尖对准锁骨间凹陷处边缘，如图 1-6（a）、（b）所示，两手交叠状（对儿童可用一只手）。

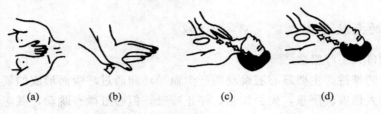

(a)　　　　　(b)　　　　　(c)　　　　　(d)

图 1-6　心脏按压法

④ 救护人员找到触电人的正确压点，自上而下，垂直均衡地用力挤压，如图 1-6（c）、（d）所示，压出心脏里面的血液，注意用力适当。

⑤ 挤压后，掌根迅速放松（但手掌不要离开胸部），使触电人胸部自动复原，心脏扩张，血液又回到心脏。

 小提醒

口诀：掌根下压不冲击，突然放松手不离；手腕略弯压一寸，一秒一次较适宜。

 **任务实施**

1．通过检测试题，检查学生对安全用电基本知识的掌握程度；

2．分组演练触电急救方法的基本技能。

知识拓展

触电临床表现

1．电击伤

当人体接触电流时，轻者立刻出现惊慌、呆滞、面色苍白、接触部位肌肉收缩，且有头晕、心动过速和全身乏力之感。重者出现昏迷、持续抽搐、心室纤维颤动、心跳和呼吸停止。有些严重电击患者当时症状虽不重，但在 1 小时后可突然恶化。有些患者触电后，心跳和呼吸极其微弱，甚至暂时停止，处于"假死状态"，因此要认真鉴别，不可轻易放弃对触电患者的抢救。

2．电热灼伤

电流在皮肤入口处灼伤程度比出口处重。灼伤皮肤呈灰黄色焦皮状，中心部位低陷，周围无肿、痛等炎症反应。但电流通路上软组织的灼伤常较为严重。肢体软组织大块被电灼伤后，其远端组织常出现缺血和坏死，血浆肌球蛋白增高和红细胞膜损伤引起血浆游离血红蛋白增高均可引起急性肾小管坏死性肾病。

3. 闪电损伤

当人被闪电击中，心跳和呼吸常立即停止，伴有心肌损害。皮肤血管收缩呈网状图案，认为是闪电损伤的特征。继而出现肌球蛋白尿。其他临床表现与高压电损伤相似。

任务二　安全用电防护措施

学习知识要点：
1. 了解安全用电制度措施和技术措施；
2. 理解工作接地、保护接地、保护接零和重复接地的意义；
3. 掌握工作接地、保护接地、保护接零和重复接地的方法。
职业技能要点：
1. 掌握工作接地、保护接地的连线技能；
2. 掌握保护接零、重复接地的连线技能。

 任务描述

电气设备在能够正常工作的情况下，我们更要考虑到设备的安全使用和操作工的安全问题。要做到工作人员的安全操作和电气设备的安全使用，必须掌握一定的安全用电防护措施，本任务将重点讲解用电防护措施。

任务分析

为了解决电气设备使用者或操作工工作不安全的问题，我们采取的主要安全措施是对电气设备的外壳进行保护接地或保护接零。本任务将介绍工作接地、保护接地、保护接零和重复接地的方法。

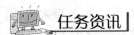 **任务资讯**

安全用电措施

1. 安全用电制度措施

（1）安全用电教育

无数触电事故的教训告诉人们，思想上的麻痹大意往往是造成人身事故的重要因素，因此必须加强安全教育，使所有人都懂得安全的重大意义，彻底消灭人身触电事故。

（2）建立和健全电气操作制度

在进行电气设备安装与维修时，必须严格遵守各种安全操作规程和规定，不得玩忽职守。操作时，要严格遵守停电操作的规定，要切实做好防止突然送电的各项安全措施，如锁上刀闸，并挂上"有人工作，不许合闸！"的警告牌等。此外，在操作前应检查工具的绝缘手柄、绝缘靴和绝缘手套等安全用具的绝缘性能是否良好，有问题应立即更换。

（3）确保电气设备的设计质量和安全质量

电气设备的设计质量和安装质量，对系统的安全运行关系极大，必须精心设计和施工，严格执行审批手续和竣工验收制度，以确保工程质量。在电气设备的设计和安装中，一定要严格执行国家标准中的有关安全规定。

2. 安全用电技术措施

（1）固定设备电气安全的基本措施

① 绝缘：用绝缘材料将带电体封闭起来。良好的绝缘材料是保证电气设备和电路运行的必要条件，是防止触电的主要措施。应当注意，单独采用涂漆、漆包等类似的绝缘来防止触电是不够的。

② 屏保：采用屏保装置将带电体与外界隔开。为杜绝不安全因素，常用的屏保装置有遮拦、护罩、护盖和栅栏等。

③ 间隔：即保持一定间隔以防止无意触及带电体。凡易于接近的带电体，应保持在伸出手臂时所及的范围之外。正常操作时，凡使用较长工具者，间隔应加大。

④ 漏电保护：漏电保护又称为残余电流保护或接地故障电流保护。漏电保护仅能作为附加电路而不应单独使用，其动作电流最大不宜超过 30mA。

⑤ 安全电压：即根据具体工作场所的特点，采用相应等级的安全电压，如 36V、24V、12V 等。

（2）移动式电器的安全措施

① 实行接零性线

② 采用安全电压：在特别危险的场合可采用安全电压的单相移动式设备，安全电压也应由双线圈隔离变压器供电。由于该设备不够经济，这种办法只在某些指定场合应用。

③ 采用隔离变压器：在接地电网中可装设一台隔离变压器给单相设备供电，其二次侧应与大地保持良好绝缘。此时，由于单相设备转变为在不接地电网中运行，从而可以避免触电危险。

④ 采用防护用具：即应穿绝缘鞋、戴绝缘手套，或站在绝缘板上等，使人与大地或人与单相外壳隔离。这是一项简便易行的办法，也是实际工作中确有成效的基本安全措施。

（3）合理选择导线

合理选择导线是安全用电的必要条件。导线允许流过的电流与导线的材料及导线的截面积有关，当导线中流过的电流过大时，会由于导线过热引起火灾。不同场所导线允许最小截面积见表 1-1。

表 1-1 不同场所导线允许最小截面积

种类及使用场所			导线允许最小截面积/mm²		
			铜芯软线	铜线	铝线
照明灯具相线	民用建筑，户内		0.4	0.5	2.5
	工业建筑，室内		0.5	0.8	2.5
	户外			1.0	2.5
移动式用电设备	生活用		0.2		
	生产用		1.0		
敷设在绝缘支持件上的绝缘线，其支持点的间距	2m 以下	户内		1.0	2.5
		户外		1.5	2.5
	6m 及以下			2.5	4.0
	10m 及以下			2.5	6.0
	25m 及以下			4.0	10
穿管线				1.0	2.5

3. 接地

按照接地的不同作用，又可将正常接地分为工作接地和保护接地两大类。

（1）工作接地

工作接地是指电气设备（如变压器中性点）为保证其正常工作而进行的接地，如图 1-7 所示。

在三相四线制低压电力系统中，采用工作接地的优点很多。在中点接地的系统中，一相接地后的接地电流较大，从而使保护装置迅速动作而断开故障，还有在三相负荷不平衡时能防止中性点位移，从而避免三相电压不平衡。

（2）保护接地

保护接地是指为保证人身安全，防止人体接触设备外露部分而触电的一种接地形式。在中性点不接地系统中，设备外露部分（金属外壳或金属构架）必须与大地进行可靠电气连接，即保护接地，如图 1-8 所示。

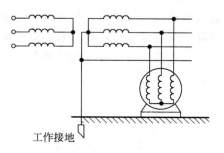

工作接地

图 1-7 工作接地

（3）保护接零

保护接零是指在电源中性点接地的系统中，将设备需要接地的外露部分与电源中性线直接连接，相当于设备外露部分与大地进行了电气连接。使保护设备能迅速动作断开故障设备，减少了人体触电危险。

保护接零的工作原理：当设备正常工作时，外露部分不带电，人体触及外壳相当于触及零线，无危险，如图 1-9 所示。

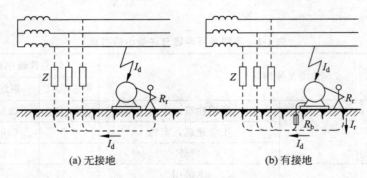

(a) 无接地　　　　　　　　　(b) 有接地

图 1-8　保护接地原理图

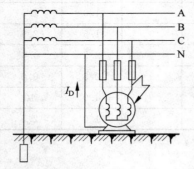

采用保护接零时的注意事项：

① 同一台变压器供电系统的电气设备不宜将保护接地和保护接零混用，而且中性点工作接地必须可靠。

② 保护零线上不准装设熔断器。

小提醒

接地保护与接零保护的区别：将金属外壳用保护接地线（PEE）与接地极直接连接的叫接地保护；当将金属外壳用保护线（PE）与保护中性线（PEN）相连接的则称之为接零保护。

（4）重复接地

图 1-9　保护接零原理图

在电源中性线做了工作接地的系统中，为确保保护接零的可靠，还需相隔一定距离将中性线或接地线重新接地，称为重复接地。

从图 1-10（a）可以看出，一旦中性线断线，设备外露部分带电，人体触及同样会有触电的可能。而在重复接地的系统中，如图 1-10（b）所示，即使出现中性线断线，但外露部分因重复接地而使其对地电压大大下降，对人体的危害也大大下降。不过应尽量避免中性线或接地线出现断线的现象。

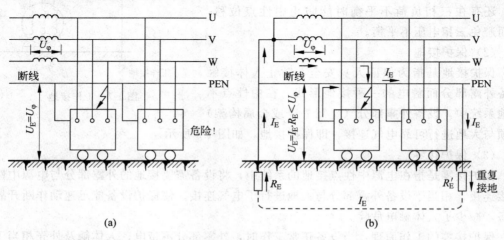

(a)　　　　　　　　　　　　(b)

图 1-10　重复接地

 **任务实施**

1. 通过试题检测学生对安全用电防护措施基本知识掌握的程度。
2. 学生分组练习工作接地、保护接地、保护接零和重复接地的方法。

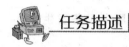 **知识拓展**

接 地 电 阻

　　一般指接地体上的工频交流或直流电压与通过接地体而流入地下的电流之比。散泄雷电冲击电流时的接地电阻指电压峰值与电流峰值之比，称为冲击接地电阻。接地电阻主要是电流在地下流散途径中土壤的电阻。接地体与土壤接触的电阻以及接地体本身的电阻小得可以忽略。电网中发生接地短路时，短路电流通过接地体向大地近似做半球形流散（接地体附近并非半球形，流散电流分布依接地体形状而异）。

　　接地电阻值与土壤电导率、接地体形状、尺寸和布置方式、电流频率等因素有关。通常根据对接地电阻值的要求，确定应埋置的接地体形状、尺寸、数量及其布置方式，对于土壤电阻率高的地区（如山区），为了节约金属材料，可以采取改善土壤电导率的措施，在接地体周围土壤中填充电导率高的物质或在接地体周围填充一层降阻剂（含有水和强介质的固化树脂）等，以降低接地电阻值。接地体流入雷电流时，由于雷电流幅值很大，接地体上的电位很高，在接地体周围的土壤中会产生强烈的火花放电，土壤电导率相应增大，相当于降低了散流电阻。

任务三　电气火灾消防知识

学习知识要点：
1. 了解电气火灾发生的主要原因；
2. 掌握电气火灾的防护措施；
3. 掌握电气火灾的扑救方法。

职业技能要点：
1. 掌握电气火灾的防护措施；
2. 掌握断电、带电情况下电气火灾的扑救技能；
3. 掌握充油、配电设备灭火技能。

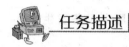 **任务描述**

　　电气设备选型与安装不当，都有可能引发意想不到的电气火灾，电气火灾对机器设备与工作人员会造成不可估计的破坏与损失，所以熟练掌握电气火灾消防知识是必不可少的。本任务将主要介绍电气火灾可能产生的原因与火灾扑救方法。

本任务主要通过教师讲解和资料查询，向同学介绍电气火灾产生的主要原因、易燃易爆环境、电气火灾的防护和扑救措施。

一、电气火灾的主要原因

1. 电气设备选型与安装不当

如在有爆炸危险的场所选用非防爆电机、电器，在存有汽油的室中安装普通照明灯，在有火灾与爆炸危险的场所使用明火，在可能发生火灾的设备或场所中用汽油擦洗设备等，都会引起火灾。

2. 设备故障引发火灾

如设备的绝缘老化、磨损等造成电气设备短路，设备负荷电流过大引发火灾；如电气设备规格选择过小，容量小于负荷的实际容量，导线截面积选得过小，负荷突然增大，乱拉电线等。

二、易燃易爆环境

要发生燃爆，必须同时满足以下三个条件：
① 在电气设备周围存在一定数量的易燃易爆物质。
② 这些易燃易爆物质与空气接触，浓度达到爆炸极限，并具有与电气设备的危险因素相接触的可能性。
③ 电气设备的热量或产生的火花等的温度要达到爆炸物质的燃点。

三、电气火灾的防护措施

电气火灾的防护措施如下：
① 选择合适的导线和电器。当电气设备增多、电功率过大时，及时更换原有电路中不合要求的导线及有关设备。
② 选择合适的保护装置。合适的保护装置能预防电路发生过载或用电设备发生过热等情况。
③ 选择绝缘性能好的导线。对于热能电器，应选用石棉织物护套线绝缘。
④ 避免接头打火和短路。电路中的连接处应牢固，接触良好，防止短路。

四、电气火灾的扑救

当发生电气火灾时，首先要尽快切断电源，防止火情蔓延和灭火时发生触电危险。还要尽快使用通信工具报警，所有工作人员平时要学习、掌握简单的灭火常识。灭火人员不可使身体及手持的灭火器碰到带电的导线或电气设备，否则有触电危险。

灭火时应注意以下几点。

1. 断电灭火

① 火灾区的电气设备，由于受潮或烟熏，绝缘能力降低，故拉开关断电时，要使用绝缘工具；

② 剪断电线时，不同相电线应错位剪断，以防止电路发生短路。悬空电线的剪断处应选择在电源方向支持物附近，以防止导线剪断后跌落在地上，造成接地短路或触电；

③ 如燃烧情况威胁邻近运行设备时，亦应迅速拉开相应的开关；

④ 夜间发生火灾，切断电源时，应考虑临时照明问题，以利扑救；需要供电部门切断电源时，应迅速联系。

2. 带电灭火

为了争取灭火时间防止火灾的扩大，往往来不及断电，或其他原因不允许和无法及时断电时，就要带电灭火，这个时候的注意事项如下：

① 应选用不导电的灭火剂灭火，如二氧化碳、1211灭火剂及干粉灭火剂等；

② 扑救人员所使用的导电消防器材与带电体之间应保持必要的安全距离，扑救人员应戴绝缘手套；

③ 对架空电路等空中设备进行灭火时，人体与带电导线之间的仰角不应超过45°，并应站在电路外侧，以防导线断落后触及人体。如通带电导线已断落地面，则要画出一定的警戒区，以防跨步电压伤人。扑救人员进入该区范围进行灭火时，应穿绝缘鞋。

3. 充油设备灭火措施

① 充油电气设备着火时，应立即切断电源，如果是外面局部着火时，可用二氧化碳、1211灭火剂、干粉灭火器灭火；

② 如果设备的容器受到破坏，喷油燃烧，外部的火势大时，在切断设备电源后，备有事故储油池的应设法将油放入池中，然后再进行扑救，但要防止着火油料流入电缆沟内。

4. 配电装置的灭火

① 高压断路器室内的设备着火燃烧时，必须将有关母线及引线全部断开电源后，方可使用泡沫灭火器灭火。

② 变压器、多油开关、油浸式互感器着火燃烧，应用干粉灭火器、1211灭火器灭火，在不得已时，方可用干黄沙直接投向设备，将火扑灭。在地面燃烧的油，应用泡沫灭

火器喷射或用干黄沙覆盖扑灭，不可用消防水龙头的水进行冲浇；变压器油溢在顶盖着火，则应开启变压器下的放油阀排油，使油面低于着火面。

③ 电力电缆着火燃烧时，可用手提式干粉灭火器、1211 灭火器或二氧化碳灭火器进行扑救，也可用干燥的黄沙或干土覆盖扑灭，不能用水或泡沫灭火器喷射。在扑救时，禁止用手直接接触电缆钢甲或移动电缆；在扑救电缆沟道等类似地方的电缆火灾时，扑救人员尽可能戴上防毒面具及橡皮手套并穿上绝缘靴。

④ 变电所发生火灾，值班人员无法自行扑救时，值班人员应切断电源并说明周围环境情况，明确交代带电设备位置，按消防负责人的要求，做好安全措施，并始终在现场严密监护，对消防人员的不正确行动应及时给予提醒或阻止。

任务实施

1. 结合技能训练，演练脱离电源的方法。
2. 结合技能训练，分组演练灭火器材的选择和使用。
3. 结合技能训练，分组练习室外杆上营救方法。

知识拓展

防　雷

1. 雷电的形成

雷电是带有电荷的"雷云"之间或雷云对大地之间产生急剧放电的一种自然现象。据观测，在地面上产生雷击的雷云多为负雷云。

当空中的雷云靠近大地时，雷云与大地之间形成一个很大的雷电场。由于静电感应作用，使地面出现雷云的电荷极性相反的电荷。当两者在某一方位的电场强度达到 $25\sim30kV/cm$ 时，雷云就会开始向这一方位放电，形成一个导电的空气通道，称为雷电先导。先导相通道中的正、负电荷强烈吸引中和而产生强大的雷电流，并伴有强烈的雷鸣电闪。这就是直击雷的主放电阶段，时间一般为 $50\sim100\mu s$。

2. 雷击的形式

雷电的基本形式有以下两种。

① 直接雷击：直接雷击是指建筑物或其他地表物体放电与雷云间导通，被击中处流过巨大电流，从而产生巨大的电动效应、热效应、电磁效应等，破坏被击中的物体。雷电击中某处后，激起的电磁波又会向外传播，破坏或影响附近的电气设备。

② 间接雷击（或叫感应雷击）：间接雷击是由于雷雨云的静电感应或放电时的电磁感应作用，使建筑物上的金属物件，如管道、钢筋、电线、反应装置等感应出与雷雨云电荷相反的电荷，造成放电所引起。雷击发生后产生的高电位还会沿附近的电线进入附近的建筑物，损坏与其相连的电器。

3．防雷措施

（1）建筑物的防雷措施

各种建筑物根据其性质、重要性安装避雷设施，是防雷电灾害的基础一环。平时在建筑物间拉电线，或建立通信、电视联系而需连接导线时，应该将导线埋入地下防止间接雷的引入。

（2）家用电器防雷措施

在打雷时应该关掉电器，并断开与外来电源的连接。值得注意的是"避雷针"可防避"直接雷击"，而防避"感应雷击"却无能为力。

（3）人身安全防雷措施

① 遇到雷雨时尽量减少外出，最好乘坐具有完整金属车厢的车辆，不要骑自行车和摩托车。更不要到江河、湖泊、池塘、坑边等处钓鱼、划船或游泳。

② 户外行走时，要远离树木和桅杆，尽量避开电线杆的斜拉铁线，不要接触天线、水管、铁丝网、金属门窗、建筑外墙等易导电的物体。

③ 不要站在高处，如山顶、楼顶或其他接近导电性高的物体，而要站到地势比较低的不宜导电的地方。

④ 在野外，不能为了躲雨而跑到大树底下。可以找有避雷措施的场所或山洞，可选择装有避雷针、钢架或钢筋混凝土的建筑物等场所，但应注意不要靠近防雷装置的任何部分。不要躺在地上、壕沟或土坑里。若找不到合适的避雷场所，可以蹲下，两脚并拢，双手抱膝，尽量降低身体重心，减少人体与地面的接触面积。如能立即披上不透水的雨衣，防雷效果更好。

⑤ 高压电线遭雷电击落地面时，近旁的人要保持高度警觉，当心地面"跨步电压"电击。逃离的正确方法是：双脚并拢，跳着离开危险地带。

技能训练一：触电急救与灭火训练

一、脱离电源法

1．训练目的

掌握脱离高、低压电源的方法。

2．训练器材

绝缘手套，绝缘靴，绝缘杆，高、低压验电器，裸金属导线和高低压电路等。

3．相关原理

（1）脱离低压电源

使被触电者脱离低压电源的方法有切断电源开关、挑开触电导线以及使用绝缘隔离等。

（2）脱离高压电源

采取必要的措施切断高压电源。

4．训练内容与步骤

（1）脱离低压电源的方法

① 切断电源。如果开关距离触电地点较近，应迅速就近拉开电源开关或刀闸，拔掉电源插头；

② 割断电源。如果电源开关或电源插座距离触电现场较远，则可利用有绝缘手柄的斧头、铁锹等利器割断电源线，割断点最好选择在导线在电源侧有支持物处，以防止带电导线断落触及其他人体。

③ 挑、拉电源线。如果导线搭落在触电者身上或压在身下，并且电源开关又不在触电现场附近时，抢救者应利用身边绝缘物挑开导线，使其脱离电源。

④ 拉开触电者。救护人可一只手戴上绝缘手套并将手用干燥衣物、围巾等绝缘物包起来，把触电者拉开；也可抓住触电者干燥而不贴身的衣服，并将其拖开。但切勿碰金属物体和触电者身体的裸露部位。

⑤ 救护人可站在干燥的木板、木凳或绝缘垫上，用一只手把触电者拉脱电源。

⑥ 如果电流通过触电者入地，并且触电者紧握电线，则可首先用干燥的木板塞到触电者身下，使其与地绝缘，以此隔断电源，然后用绝缘器具将导线剪（切）断。救护人员尽可能站在干木板或绝缘垫上。

（2）脱离高压电源的方法

高压触电和低压触电者的脱离电源方法不相同。因为对于高压触电者来说，使用上述解脱低压触电者的工具是不安全的；另外，高压电源距离很远，救护人不易直接切断电源等。

① 触电者触及高压带电设备时，救护人员应戴上绝缘手套、穿上绝缘靴，拉开高压断路器，用相应电压等级的绝缘工具拉开高压跌落保险，切断电源。同时救护人员在抢救过程中，应注意保持自身与周围带电部分之间的安全距离。

② 当有人在架空电路上触电时，应迅速拉开开关，或用电话告知当地供电部门停电。

③ 如果触电发生在高压架空线杆塔上，又不能迅速切断电源开关时，可采用抛掷足够截面的适当长度的裸金属软导线，使其电路短路，造成保护装置动作，从而使电源开关跳闸。抛掷前，将短路线一端固定在铁塔或接地引下线上；另一端系重物，但抛掷时应注意防止电弧伤人或断线危及人员安全；同时，应做好防止从高处摔跌的准备。

④ 触电者触及断落在地上的带电高压导线时，救护人员在未采取安全措施前，不能接近断线点 8m 以内的范围。

二、杆上营救法

1．训练目的

掌握营救杆上人员的方法。

2．训练器材

绝缘手套、安全带、脚扣和绳子等。

3．相关原理

当发现杆上的工作人员突然犯病、触电、受伤或失去知觉时，杆下人员必须立即进行抢救，使伤员很快脱离电源和高空，降到安全的地面进行救护工作。

4．训练内容与步骤

（1）具体的营救方法和步骤

① 判断情况

主要是判断伤员是发生了触电，还是出现了其他症状。若是触电，则按上述办法使触电人先脱离电源。

② 做好营救的准备工作

营救人员的自身保护对整个营救工作的成败是至关重要的。营救人员应准备好必需的安全用具，如绝缘手套、安全带、脚扣、绳子等。

③ 选好营救位置

一般来说，营救的最佳位置是高出受伤者约 20cm，并面向伤员，再开始营救，即脱离电源、将伤员放到地面。

④ 确定伤员病情

将伤员解救到地面以后，根据伤情按对症抢救法进行抢救。

⑤ 选择营救方法

这是杆上营救的关键，若选择的营救方法不当，会适得其反。一般杆上营救人员不易太多，否则互相妨碍，反倒不好。营救方法主要有单人和双人营救法，其操作示意如图 1-11 所示。

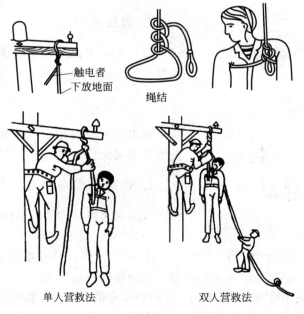

图 1-11　单人营救与双人营救法

（2）单人营救法

① 首先在杆上安放绳索，然后用约 13mm 粗的绳子将伤员绑好，将绳子的一端固定在杆上，固定时绳子要绕 2～3 圈，目的是增大下放时的摩擦力，以免将伤员突然放下，发生其他意外。

② 绳子另一端绑在伤员的腋下，绑的方法是在腋下环绕一圈，打三个半靠结。绳头塞进伤员腋旁的圈内，并压紧。

③ 绳子的长度应为杆高的 1.2～1.5 倍。最后将伤员的脚扣和安全带松开，再解开固定在电杆上的绳子，缓缓将伤员放下。

（3）双人营救法

双人营救的方法基本与单人营救法相同，即营救人员上杆后，将绳子的一端绕过横担，绑扎在伤员的腋下，只是另一端由杆下人员握住缓缓下放，绳子长度应为杆高的 2.2～2.5 倍。另外营救人员要协调一致，密切配合，防止杆上人员突然松手，杆下营救人没有准备而发生意外。

（4）触电急救注意事项

① 救护人不得用金属或其他潮湿物品作为救护工具；

② 未采取任何绝缘措施，救护人不得直接触及触电者的皮肤和潮湿衣物；

③ 夜间发生触电事故时，还应考虑切断电源后的临时照明，以利救护。

三、灭火器材的选择和使用

1. 训练目的

了解各种灭火器的使用范围，掌握各种灭火器的使用方法。

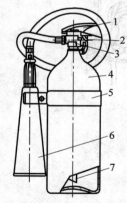

1—压把；2—提把；3—启闭阀；
4—钢瓶；5—长箍；6—喷筒；7—虹吸管

图 1-12　MTZ 型鸭嘴式二氧化碳灭火器

2. 训练器材

二氧化碳灭火器、干粉灭火器、1211 灭火器和泡沫灭火器。

3. 相关原理

利用灭火介质把空气中氧气进行隔离和冷却使燃烧物灭火。

4. 训练内容与步骤

常用灭火器材的使用范围及使用方法

1）二氧化碳灭火器

① 使用范围：扑救电气设备、少量油类和其他一般物质的初起火灾，不导电。

② 使用方法：使用鸭嘴式灭火器时，先拔掉安全销，然后压紧压把，这时就有二氧化碳喷出，MTZ 型鸭嘴式二氧化碳灭火器外形结构如图 1-12 所示。其操作方法如图 1-13 所示。

站在距火源2m的地方，左手拿着喇叭筒，右手用力压下压把。

对着火焰根部喷射，并不断推前，直至把火焰扑灭。

图1-13　鸭嘴式二氧化碳灭火器使用方法

使用手轮式灭火器时，手拿喷筒木柄将喇叭口对准着火物，另一只手将手轮按逆时针方向旋转，高压气体即自行喷出，如图1-14所示。

③ 使用注意事项。

a. 在喷射时，要注意不可直接触及喇叭筒，以防化雪时的强烈冷却使手冻伤。

b. 当人体吸入一定量的二氧化碳时，就会窒息，因此在使用此灭火器时，人应站在上风位置；又因为灭火器喷射距离较近，故喷射时尽量靠近火源，要从火势蔓延最危险的一边喷起。

2）干粉灭火器

干粉灭火器其结构图如图1-15所示。

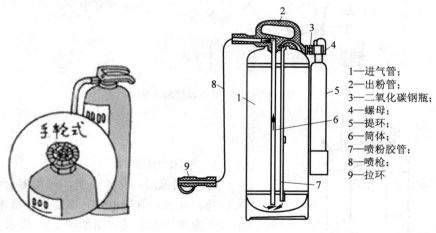

1—进气管；
2—出粉管；
3—二氧化碳钢瓶；
4—螺母；
5—提环；
6—筒体；
7—喷粉胶管；
8—喷枪；
9—拉环

图1-14　手轮式灭火器　　　　图1-15　干粉灭火器结构图

① 使用范围：扑救石油及其产品、可燃气体、电气设备的初起火灾，不导电。

② 使用方法（如图1-16所示）：

a 喷口对准火源，拉动拉环，干粉立即喷出；干粉易飘散，不宜逆风喷射。

b 扑救地面油火时，要平射左右摆出，由近及远，快速推进。

c 注意防止回火重燃。

3）1211灭火器

① 使用范围：扑救电气设备、精密仪器、图书资料、化工纤维原料等初起火灾。灭

在距火焰2m的地方，右手用力压下压把，左手拿着喷管左右摆动，喷射干粉复盖整个燃烧区。

图 1-16　干粉灭火器使用方法

火效能高，毒性小，绝缘性好，腐蚀性小，不污损，保存时间久。

② 使用方法（如图 1-17 所示）：

a 先拔掉安全销，将喷口对准火焰根部；

b 手紧握压把，压杆即将密封阀启开，1211 灭火剂在氮气压力下喷出；

c 当松开压把时，封闭喷嘴，停止喷射；

d 使用时，人要站在上风口，由近及远，快速推进，注意防止回火重燃；

e 使用时，灭火器筒身要垂直，不可平放和颠倒。

注意：使用时人员站在上风处。

图 1-17　1211 灭火器使用方法

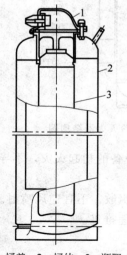

4）泡沫灭火器

① 使用范围：扑救油类、醇类等有机溶剂火灾；药剂含水，有导电性，不适宜扑救电气火灾。手提式泡沫灭火器结构图如图 1-18 所示。

② 使用方法（如图 1-19 所示）：

a 使用时先用手指堵住喷嘴，将筒身倒过来，稍加摇动，两种液即刻混合；

b 喷口对准火源，打开喷口即喷射出泡沫。

③ 使用时不可将筒底筒盖对着人体，以防止发生爆炸伤人。

1—桶盖；2—桶体；3—瓶胆

图 1-18　手提式泡沫灭火器结构图

右手抓筒耳，左手抓筒底边缘，把喷咀朝向燃烧区，站在离火源8m的地方喷射，并不断前进，兜围着火焰喷射，直至把火扑灭。

图 1-19　手提式泡沫灭火器使用方法

技能训练二：口对口人工呼吸法和胸外心脏按压法的实操练习

一、训练目标

1. 掌握触电急救的有关知识。
2. 掌握人工呼吸法和胸外心脏按压法。

二、训练器材

模拟橡皮人 1 具（或学生代替）、棕垫子 1 床、医用纱布 1 块、秒表 1 块。

三、操作训练

1. 就地诊断训练

使触电者脱离电源后，判断其意识、呼吸、脉搏、瞳孔的情况。

2. 施救方法的训练

（1）口对口吹气的人工呼吸法

注意：

① 吹气 2s，触电者自由呼吸 3s，每分钟做 12～16 次。

② 口对口人工呼吸抢救过程中，若触电者胸部有起伏，说明人工呼吸有效，抢救方法正确；若胸部无起伏，说明气道不够畅通，或有梗阻，或吹气不足，（但吹气量也不宜过大，以胸廓上抬为准），抢救方法不正确等。

（2）人工胸外按压心脏法

实施步骤见本项目内容。

注意：

① 按压位置一定要准确，否则容易造成触电者胸骨骨折或其他伤害。

② 两手掌不能交叉放置。

③ 胸外按压时，压力与操作频率要适当，不能做冲击式的按压，放松时应尽量放松，但手掌根部不要离开按压部位，以免造成下次错位。

（3）交替进行口对口人工呼吸和人工胸外按压心脏两种方法交替进行

一人急救两种方法应交替进行，即吹气2～3次，再按压心脏10～15次，且速度都应快些。

两人急救每5s吹气一次，每1s挤压一次，两人循环进行。

注意：

① 在施行人工呼吸和心脏按压时，施救者应密切观察触电者的反应。只要发现触电者有苏醒现象，如眼皮闪动或嘴唇微动，就应终止操作几秒钟，让触电者自行呼吸和心跳。

② 人工呼吸与心脏按压对于施救者来讲是非常劳累的，但必须坚持不懈，直到触电者苏醒或医生前来救治为止。

四、技能训练考核评定

学生在经指导教师讲解，熟悉救护要领，并分组进行模拟训练，训练考核评定详见表1-2。

表1-2　触电急救技能训练考核评定参考

练习内容	配分	扣 分 标 准	扣分	得分
口对口人工呼吸法模拟训练	50分	1. 救护姿势不正确，扣20分 2. 人工呼吸时，吹气时间过长或过短，扣15分；频率太快或太慢，扣15分 3. 操作错误导致人身受伤，扣50分		
胸外心脏按压法模拟训练	50分	1. 挤压位置不正确，扣20分 2. 挤压步骤、方法不正确，扣30分 3. 操作错误导致人身受伤，扣50分		

项目二

常用电工工具和电工仪表的使用

电工在安装和维修各种供配电电路，电气设备及电路时，都离不开正确使用各种电工工具与电工仪表，如螺丝刀、钢丝钳、试电笔、万用表、电流表等。常用工具种类繁多，用途广泛，本项目将主要介绍几种常用电工工具、常用电工防护工具、常用电工仪器仪表的使用方法。

任务一　常用电工工具的使用

学习知识要点：

1. 熟悉电工工具中基本工具——螺丝刀、钢丝钳、尖嘴钳、断线、剥线钳、活络扳手、镊子的结构与使用方法；

2. 掌握专用电工工具——冲击钻、试电笔、压接钳、吸锡器、塞尺的结构与使用方法；

3. 熟悉常用电工防护工具的使用方法。

职业技能要点：

1. 熟练掌握电工工具中基本工具——螺丝刀、钢丝钳、尖嘴钳、断线、剥线钳、活络扳手、镊子的操作技能；

2. 熟练掌握专用电工工具——冲击钻、试电笔、压接钳、吸锡器、塞尺的操作技能；

3. 掌握使用电工防护工具的操作技能；

4. 正确判断在不同场合选择不同的电工工具。

 任务描述

无论是在家庭用电场所还是在工业用电场所，都离不开正确使用各种电工工具，比如电气设备故障检修、电气设备组装都会用到不同的电工工具，本任务将介绍几种常用的基本工具和专用工具。

本任务主要通过讲解，要求学生掌握基本电工工具的结构与使用方法。通过教师讲解、实物展示、现场操作等环节要求学生熟悉常用的专用电工工具的使用方法及应用场合。

■ 任务资讯

一、基本工具的使用

通用电工工具是指电工随时都可能使用的常备工具。

1. 螺丝刀

螺丝刀是一种紧固或拆卸螺钉的工具。

螺丝刀的式样和规格很多，按头部形状不同可分为一字形和十字形两种。

一字形螺丝刀常用的规格有 50mm、100mm、150mm 和 200mm 等规格，电工必备的是 50mm 和 150mm 两种。十字形螺丝刀专供紧固或拆卸十字槽的螺钉，常用的规格有 4 个，即Ⅰ号适用于螺钉直径为 2～2.5mm，Ⅱ号为 3～5mm，Ⅲ号为 6～8mm，Ⅳ号为 10～12mm。

现在流行一种组合工具，由不同规格的螺丝刀、锥、钻、凿、锯、锉、锤等组成，柄部和刀体可以拆卸使用。柄部内装有氖管、电阻、弹簧，可作试电笔使用。

🐷 **小提醒**

电工不可使用金属杆直通柄顶的螺丝刀，否则使用时很容易造成触电事故。为了避免螺丝刀的金属杆触及皮肤或触及临近带电体，应在金属杆上串套绝缘管。

螺丝刀的正确使用姿势如图 2-1 所示。

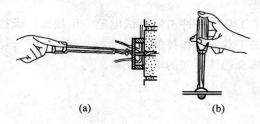

(a)　　　　　　　　(b)

图 2-1　螺丝刀的正确使用姿势

2. 钢丝钳

钢丝钳又分铁柄和绝缘柄两种，绝缘柄为电工用钢丝钳，常用的规格有 150mm、175mm 和 200mm 三种。

电工钢丝钳由钳头和钳柄两部分组成，钳头由钳口、齿口、刀口和侧口四部分组成。

钢丝钳的用途很多，钳口用来弯绞或钳夹导线线头；齿口用来紧固或起松螺母；刀口用来剪切导线或剥削导线绝缘层；侧口用来铡切电线线芯、钢丝或铅丝等较硬金属。其结构及用途如图 2-2 所示。

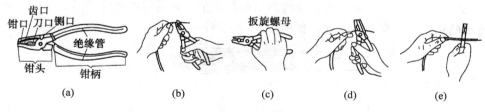

图 2-2　钢丝钳的结构与用途

小提醒

① 使用电工钢丝钳以前，必须检查绝缘柄的绝缘是否完好，以免发生触电事故。

② 用电工钢丝钳剪切带电导线时，不得用刀口同时剪切相线和中性线，以免发生短路。

3. 尖嘴钳

尖嘴钳的头部尖细，适用于在狭小的工作空间操作。尖嘴钳也有铁柄和绝缘柄两种，绝缘柄的耐压为 500V。带有刃口的尖嘴钳能剪断细小金属丝；而尖嘴钳能夹持较小螺钉、垫圈、导线等元件。其外形如图 2-3（a）所示。

4. 断线钳

断线钳又称为斜口钳，钳柄有铁柄、柄管和绝缘柄三种形式，其中电工用的绝缘柄断线钳的外形如图 2-3（b）所示。

断线钳是专供剪断较粗的金属丝、线材及电线电缆等用。

5. 剥线钳

剥线钳是用于剥削小直径导线绝缘层的专用工具，其外形如图 2-4 所示。它的手柄是绝缘的，耐压为 500V。

提示：使用剥线钳时，将要剥削的绝缘长度用标尺定好以后，即可把导线放入相应的刃口中。

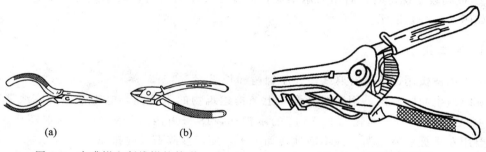

图 2-3　尖嘴钳和断线钳的外形　　　　图 2-4　剥线钳的外形

6. 电工刀

电工刀是用来剥削电线线头，切割木台缺口，削制木榫的专用工具。电工刀的外形如图 2-5 (a) 所示。电工刀使用时，应将刀口朝外剥削。剥削导线绝缘层时，应使刀面与导线成较小的锐角，以免割伤导线，如图 2-5 (b)、(c) 所示。

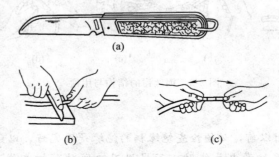

图 2-5　电工刀的外形及剥削电线的方法

小提醒

① 电工刀使用时应注意避免伤手。

② 电工刀用毕，随即将刀身折进刀柄。

③ 电工刀刀柄是无绝缘保护的，不能在带电导线或器材上剥削，以免触电。

7. 活络扳手

活络扳手又称为活络扳头，是用来紧固和起松螺母的专用工具。

活络扳手由头部和手柄组成，头部由活络扳唇、呆扳唇、扳口、蜗轮和轴销等构成，如图 2-6 (a) 所示。

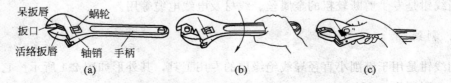

图 2-6　活络扳手构造与使用方法

① 扳动大螺母时，需用较大力矩，手应握在手柄尾处，如图 2-6 (b) 所示。

② 扳动较小螺母时，需用力矩不大，但螺母过小易打滑，故手应握在靠近头部的地方，如图 2-6 (c) 所示。

8. 电工用凿

电工用凿按用途不同有麻线凿、小扁凿和长凿等。

麻线凿也叫圆榫凿，用来凿打混凝土结构建筑物的木榫孔，电工常用的麻线凿有 16 号和 18 号两种，16 号可凿直径 8mm 的木榫孔，18 号可凿直径约 6mm 的木榫孔。凿孔时，要用左手握住麻线凿，并不断地转动凿子，使灰沙碎石及时排出。

小扁凿用来凿打砖墙上的方形木榫孔。电工常用的是凿口宽约 12mm 的小扁凿。

长凿是用来凿打穿墙孔的。用来凿打混凝土穿墙孔的长凿由中碳圆钢制成，用来打砖结构穿墙孔的长凿由无缝钢管制成。长凿直径分有 19mm、25mm 和 30mm，其长度通常有 300mm、400mm 和 500mm 等多种，使用它时，应不断旋转，及时排出碎屑。

9. 镊子

镊子是电子电器维修中必不可少的小工具，主要用于夹持导线线头、元器件等小型工件或物品。通常由不锈钢制成，有较强的弹性。头部较宽、较硬且弹性较强的可以夹持较大物件，反之可以夹持较小物件。镊子的形状如图 2-7 所示。

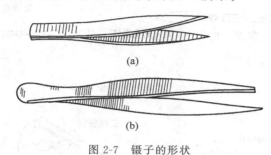

(a)

(b)

图 2-7　镊子的形状

二、专用电工工具

1. 冲击钻

冲击钻的外形如图 2-8（a）所示。

作为普通电钻用：使用时把调节开关调到标记为"钻"的位置，即可作为电钻使用。

作为冲击钻用：使用时把调节开关调到标记为"锤"的位置，即可用来冲打砖墙等建筑材料的穿墙孔，通常可钻 6～16mm 直径的圆孔。作普通钻时，用麻花钻头；作冲击钻时，用专用冲击钻头，如图 2-8（b）所示。

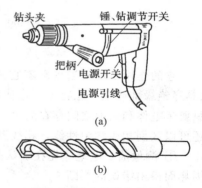

图 2-8　冲击钻及钻头外形

不同的孔径应该选用功率合适的相应规格的电钻，避免过载而烧毁电动机。

电钻的外壳是接零的，橡胶软线中心的黑线是接零保护线。初次使用时，不要手握电钻去插电源，应将其放在绝缘物上插上电源，用试电笔检查外壳是否带电，然后再使用。

钻孔前，先让手电钻空转几次，观察转动是否正常。

钻头必须锋利，钻孔时不宜用力过猛，以免过载。凡遇转速突然降低时，应立即放松压力。钻孔过程中若钻头突然停止转动，应迅速切断电源。当孔快钻通时应当减小压力。

电钻不宜在空气中含有易爆、易燃、腐蚀性气体及潮湿的特殊环境中使用。

经常注意对电钻的保养，保持清洁并及时更换电刷。

2. 试电笔

试电笔是电工常用的一种辅助安全工具，用于检查 500V 以下导体或各种用电设备外壳是否带电。

试电笔外形是钢笔式结构，前端有金属探头，后端有金属挂钩。试电笔内部有发光氖泡、降压电阻及弹簧。试电笔的外形结构如图 2-9 所示。试电笔在使用时，必须用正确的方法握好，用手指触及笔尾的金属端，使氖泡小窗背光朝向自己，如图 2-10 所示。

图 2-9　试电笔的外形结构

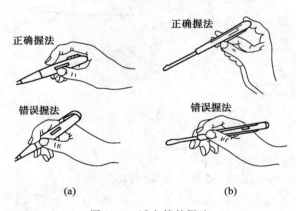

图 2-10　试电笔的握法

它的作用原理是当手拿着它测量带电体时，带电体经试电笔、人体到大地形成回路（是穿绝缘鞋或在绝缘物上，也认为是形成了回路，因为绝缘物的漏电足以使氖泡起辉）。只要带电体和大地之间存在的电位差超过一定数值就会发光，低于这个数值就不发光。它还可以区别相线和中性线，相线发光，中性线一般不发光。

① 测量前试电笔应先在确认的带电体上试验，以证明试电笔是否良好，以防因氖泡损坏而得出错误的判断。

② 使用试电笔一般应穿绝缘鞋。

③ 在明亮光线下测试时，往往不宜看清氖泡的辉光，此时应注意避光仔细测试。

④ 有些设备特别是测试仪表，工作时外壳往往因感应带电，用试电笔测试有电，但不一定会造成触电危险。这种情况下，必须用其他方法测试。

⑤ 对于 36V 以下安全电压带电体，试电笔往往无效。

3. 压接钳

压接钳是连接导线与导线，或导线与端头的常用工具。采用压接钳连接导线施工方便、接触可靠。根据压接导线和压接管的面积不同来选择不同规格的压接钳。各种压接钳的使用范围见表 2-1。

表 2-1　各种压接钳的使用范围

名　　称	型　号	使 用 范 围
多股导线压接钳	—	1.0～6mm² 多股导线
单股导线压接钳	—	2.5～10mm² 单股导线
手动油压钳	SLP—240	16～240mm² 铜线

4. 吸锡器

焊接时难免会发生错误，使用吸锡器可以吸去焊锡，重新焊接。常用的吸锡器只要在通电后按动尾部推杆即能把焊锡吸去。

5. 塞尺

塞尺又称为厚薄规或间隔片，它主要用于检验两相关配合表面之间的间隙大小或与其他量具配合检验零件相关平面间的间隙误差。

在电器调试与检修过程中，特别是在高精度的机电一体化设备中，调整电磁制动器制动轮与制动瓦之间的间隙等，都需要使用塞尺。塞尺的结构如图 2-11 所示。

塞尺由塞尺片和塞尺片护罩构成。使用塞尺可以使测量快捷而准确。以间隙调整为例，塞尺的使用操作方法为：

① 针对某一配合间隙，根据其理想的允许值，选取相应或相近尺寸的塞尺片。

② 手捏塞尺片的后端，取塞尺片平面与间隙面平行，轻缓地插入间隙中，如图 2-12 所示。

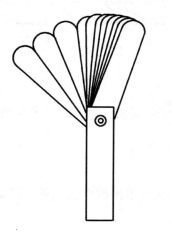

图 2-11　塞尺的结构

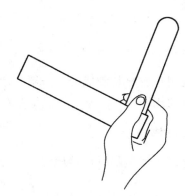

图 2-12　塞尺的使用

③ 如果间隙过大，则增大塞尺片厚度，继续测量，直到塞尺片厚度与间隙相符，根据相差值调整间隙直到理想尺寸；如果塞尺插不进去，不要硬插，更换较薄的塞尺片，直到正好插入间隙，根据测得的差值，增加间隙直到理想尺寸。

塞尺使用注意事项：

① 使用时，塞尺及测量工件上要求清洁、光滑、无污物。

② 根据尺寸，可用一片或数片重叠进行测量。当数片重叠时，要用力捏紧尺片，确保片间充分紧贴，以使测量准确。

③ 塞尺片应轻缓插入间隙，切忌硬插，防止塞尺片弯曲或折断。

④ 不允许用塞尺测量温度较高的工件。

⑤ 塞尺使用完毕，应清除污物，保持清洁，放回护套，妥善保存。

三、常用电工防护工具的使用

1. 绝缘棒

绝缘棒主要是用来闭合或断开高压隔离开关、跌落保险，以及用于进行测量和实验工作。绝缘棒由工作部分、绝缘部分和手柄部分组成，如图 2-13 所示。

2. 绝缘夹钳

绝缘夹钳主要用于拆装低压熔断器等。绝缘夹钳由钳口、钳身、钳把组成，如图 2-14 所示，所用材料多为硬塑料或胶木。钳身、钳把由护环隔开，以限定手握部位。绝缘夹钳各部分的长度也有一定要求，在额定电压 10kV 及以下时，钳身长度不应小于 0.75m，钳把长度不应小于 0.2m。使用绝缘夹钳时应配合使用辅助安全用具。

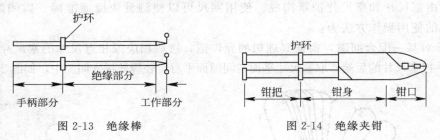

图 2-13　绝缘棒　　　　　　　图 2-14　绝缘夹钳

3. 绝缘手套

绝缘手套是用橡胶材料制成的，一般耐压较高。它是一种辅助性安全用具，一般常配合其他安全用具使用。

4. 携带型接地线

携带型接地线也就是临时性接地线，在检修配电电路或电气设备时作临时接地之用，以防意外事故。

任务实施

1. 学生分组练习各种基本电工工具的使用。
2. 学生分组练习各种专用电工工具的使用。
3. 学生分组练习常用电工防护工具的使用。
4. 教师设置几个电气设备故障或者问题，由学生分组讨论和检修。

知识拓展

绝缘手套的清洁护理

当手套变脏时，要用肥皂和水温不超过 65℃ 的清水冲洗，然后彻底干燥并涂上滑石粉。洗后如发现仍然黏附有像焦油或油漆之类的混合物，请立即用清洁剂清洁此部位（但清洁剂不能过多），然后立即冲洗掉，并按照上述办法处理。

任务二　常用电工仪器仪表的使用与维护

学习知识要点：

1. 了解常用电工仪器仪表的基本知识；
2. 掌握电工测量仪表的选择、使用和维护方法；
3. 了解常用电工仪表的工作原理；
4. 掌握常用电工仪表——万用表、钳形表、兆欧表、电能表的使用方法。

职业技能要点：

1. 能准确掌握各种常用电工仪表的结构；
2. 掌握常用仪表如万用表、钳形表、兆欧表、电能表的使用方法与操作技能；
3. 掌握电工测量仪表的选择方法与维护技能。

任务描述

电工仪器仪表在电工实验与实训中是必不可少的，如对电流、电压、电阻、电能、电功率等进行测量，以便了解和掌握电气设备的特性、运行情况，检查电气元器件的质量情况。本任务将重点讲解常见电工仪器仪表的结构与使用方法。

任务分析

本任务主要通过对常用电工仪器仪表的讲解，要求学生了解各种常见仪器仪表的结构且熟练掌握仪器仪表的使用方法，以及使用仪器仪表排查和检修电气设备故障。

一、常用电工仪器仪表的一般知识

1. 电工仪表概述

电工测量是电工实验与实训中不可缺少的一个重要组成部分，它的主要任务是借助各种电工仪器仪表，对电流、电压、电阻、电能、电功率等进行测量，以便了解和掌握电气设备的特性、运行情况，检查电气元器件的质量情况。

在电工技术中，测量的电量主要有电流、电压、电阻、电能、电功率和功率因数等，测量这些电量所用的仪器仪表，统称为电工仪表。

2. 仪表符号的意义

电工仪表表盘上注有各种符号，用来表示仪表的基本技术特性，如仪表的用途、构造、准确度等级、正常工作状态和对使用环境的要求等。常用仪表符号的含义见表2-2和表2-3。

表 2-2　常用仪表符号（测量单位）

名　　称	符　　号	名　　称	符　　号
千安	kA	千瓦	kW
安	A	瓦	W
毫安	mA	兆乏	Mvar
微安	μA	千乏	kvar
千伏	kV	乏	var
伏	V	兆欧	MΩ
毫伏	mV	千欧	kΩ
微伏	μV	欧	Ω
兆瓦	MW		

表 2-3　常用仪表符号

名　　称	符　　号	名　　称	符　　号
磁电系仪表		不进行绝缘强度试验	
电磁系仪表	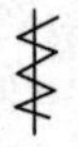	绝缘强度试验电压为2kV	
电动系仪表	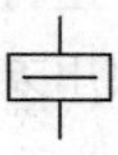	Ⅰ级防外界磁场	
铁磁电动系表		Ⅱ级防外界磁场	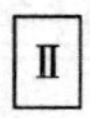 Ⅱ
感应系仪表		Ⅲ级防外界磁场	 Ⅲ
整流系仪表	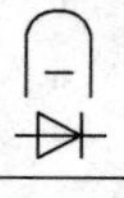	Ⅳ级防外界磁场	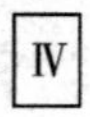 Ⅳ
磁电系流比计	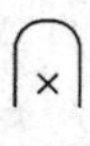	A组仪表	（无标记）

续表

名　称	符　号	名　称	符　号
直流	—	B组仪表	$\triangle$ B
交流	∼	C组仪表	$\triangle$ C
直流和交流	≃	负端钮	—
具有单元件的三相平衡负载交流	≃	正端钮	+
以标度尺量百分数表示的准确度等级，如1.5	1.5	公共端钮和复用电表	*
标度尺位置为垂直的	⊥	接地用端钮	⊥
标度尺位置为水平的	⌐	与外壳相连接的端阻	⏚
标度尺位置与水平倾斜成一角度，如60°	∠60°	调零器	⌒

3. 常用电工仪表的基本结构

常用电工仪表主要由外壳、有标度尺和有关符号的面板、表头电磁系统、指针、阻尼器、转轴、游丝、零位调节器等组成。

二、电工测量仪表的选择、使用和维护

1. 仪表选择

各种仪表的选择除了根据用途选择仪表的种类外，还应根据使用环境和测量条件选择仪表的类型。如配电盘、开关板及仪表板上所用仪表等采用适合垂直安装的类型，而实验室大多选用适合水平放置的类型。

在使用仪表时，必须合理地选择仪表的准确度。虽然测量仪表的准确度越高越好，但是对一般的测量来说，不必使用高准确度的仪表。准确度越高的仪表使用时的工作条件要求也就越高，如要求恒温、恒湿、无尘等，在不满足工作条件的情况下，测量结果反而不准确。另外，也不应使用准确度过低的仪表而造成测量数据误差太大。

准确度等级为0.1∼0.2级的仪表通常作为标准表以校正其他仪表。实验室一般用0.5∼1.5级仪表，生产部门作监视生产过程时装在配电盘和操作台上的仪表一般为2.5∼5.0级。

仪表的级别是表示仪表准确度的等级。所谓几级是指仪表测量时可能产生的误差占满刻度的百分之几。表示级别的数字越小，准确度越高。因此，同样量程的仪表，选用小级别的仪表测量时，准确度更高。

例如，用0.1级和2.5级两只同样为10A量程的电流表分别去测量8A的电流。

0.1 级的仪表可能产生的误差为 10A×0.1‰＝0.01A，而 2.5 级的仪表可能产生的误差为 10A×2.5‰＝0.25A。可见，用 0.1 级的仪表测量，准确度高。

在选择量程时应尽量使被测量的值接近于满刻度值；而另一方面，也要防止超出满刻度值而使仪表受损。所以通常选择量程时应使读数占满刻度值的 2/3 以上为宜，至少也应使被测量值超过满刻度值的 1/2。当被测电流大小无法估计时，可将多量程仪表先置于最大量程挡，然后根据仪表的指示调整量程，使其使用合适的量程挡。

2. 指针式仪表测量中应该注意的一般问题

大多数指针式仪表设有机械零位校正，校正器的位置通常装设在与指针转轴对应的外壳上，当线圈中无电流时，指针应指在零的位置。如果指针在不通电时不在零位，应当调整校正器旋钮改变游丝的反作用力矩使指针指向零点。仪表在校正前要注意仪表的放置位置必须与该表规定的位置相符。如果规定位置是水平放置，则不能垂直或倾斜放置，否则仪表指针可能不是指向零位，这不属于零位误差。只有在放置正确的前提下再确定是否需要调零，并且保证在全部测量过程中仪表都放置在正确位置，以保证读数的正确性。

仪表与被测量连接至少有两个端钮，每个端钮均应正确连接。对于测量直流量来说，必须把正、负端分辨清楚，"＋"端与电路正极性端相连接，"－"端与电路负极性端相连接，不能反接，以防反偏而损坏指针。对于测量交流量来说，应注意电路的相线和中性线，从保证仪表和人身的安全角度考虑连接方式。虽然从原理上说一般无极性要求，有时考虑到屏蔽和安全需要，通常读取仪表的指示值应在指针指示稳定时进行，如果指示不能稳定，则应检查原因，并消除不稳定因素。若因电路原因造成指针振荡性指示，一般可以读取其平均值，若测量需要，应把其振幅量读出一个读数镜面，读数时应使视线置于实指针和镜中虚指针相重合的位置再读指示值，以保证读数的正确性，减少读数误差。

3. 仪表的维护

各种仪表应在规定的正常工作条件下使用，即要求仪表的放置位置正常，周围温度为 20℃，无外界电场和磁场外；还应满足仪表本身规定的特殊条件，如恒温、防尘、防震等。

仪表在使用前应检查，注意端钮是否开裂，短接片是否可靠连接，外引线有无开断，指针有无卡、涩现象等。仪表应定期进行准确度校验，保证其测量性能。

仪表不使用时，应在断电条件下存放。如表内有电池时应将电池取出，防止电池漏液腐蚀机芯。精度越高的仪表，对存放环境条件的要求也越高。

三、常用电工仪表的工作原理

下面对常用的磁电式、电磁式、电动式仪表的结构和工作原理做简单的介绍。

1. 磁电式仪表的工作原理

磁电式仪表的原理结构示意图如图 2-15 所示。

磁电式仪表的工作原理是永久磁铁的磁场与通有直流电流的可动线圈相互作用而产生

偏转力矩，使可动线圈发生偏转。同时与可动线圈固定在一起的游丝因可动线圈偏转而发生变形，产生反作用力矩。当反作用力矩与转动力矩相等的时候，活动部分最终将停留在相应的位置，指针在标度尺上指出被测量的数值。指针的偏转角与通过线圈的电流成正比。因此，标尺上的刻度是均匀的。

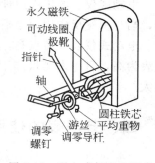

图 2-15　磁电式仪表的原理结构示意图

小提醒

① 测量时，电流表要串联在被测的支路中，电压表要并联在被测电路中。

② 使用直流表，电流必须从"＋"极性端进入，否则指针将反向偏转。

③ 一般的直流仪表不能用来测量交流电，仪表误接交流电时，指针虽无指示，但可动线圈内仍有电流通过，若电流过大，将损坏仪表。

④ 磁电式仪表过载能力较低，注意不要过载。

2. 电磁式仪表的工作原理

电磁式仪表的原理结构图示意图如图 2-16 所示。

电磁式仪表的工作原理是在线圈内有一块固定铁片和一块装在转轴上的可动铁片。当电流通入仪表后，载流线圈产生磁场，固定铁片和可动铁片同时被磁化，并呈同一极性。由于同性相斥的缘故，铁片间产生一个排斥力，可动铁片转动，同时带动转轴与指针一起偏转。当与弹簧反作用力矩平衡时，便获得读数。电磁式仪表转动力矩的大小与通入电流的平方成正比，指针的偏转由转动力矩所决定，所以标尺刻度是不均匀的，即非线性的。

电磁式仪表的特点是：标度不均匀，准确度不高，读数受外磁场影响，适用于交直流测量，过载能力强，可无须辅助设备而直接测量大电流，可用来测量非正弦量的有效值。

3. 电动式仪表的工作原理

电动式仪表的原理结构图示意图如图 2-17 所示。

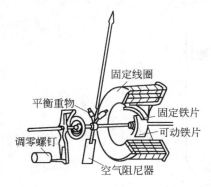

图 2-16　电磁式仪表的原理结构示意图

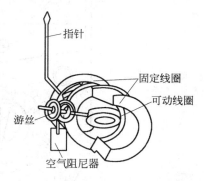

图 2-17　电动式仪表的原理结构示意图

电动式仪表的工作原理是仪表由固定线圈电压相互作用而产生偏转力矩使可动线圈偏转，当与弹簧反作用力矩平衡时便获得读数。

电动式仪表的特点是：适用于交直流测量，灵敏度和准确度比用于交流的其他类型的仪表为高，可用来测量非正弦量的有效值，标度不均匀，过载能力差，读数受外磁场影响大。

四、万用表的使用与维护

（一）指针式万用表

1. 万用表的组成

万用表是一种多用途、多量程、便携式仪表。可以测量直流电流、直流电压、交流电压、电阻等，有的万用表还可以测量音频电平，交流电流，电容，电感以及晶体管的 β 值等，因此称为万用电表。目前常用的万用表分指针式（模拟式）和数字式两大类。

万用表分为便携式和袖珍式，由表头、转换开关、测量电路组成，前面板上装有标尺、转换开关、电阻测量挡的调零旋钮以及接线柱或插孔等。

万用表的外形结构有表头和表盘两部分组成，表头透视窗内有表指针和各种测试功能刻度盘，从上至下依次是电阻挡刻度线、交流电压电流刻度线、交流挡专用刻度线、电容挡刻度线等。

2. 万用表的使用

万用表的型号很多，但测量原理基本相同，使用方法相近。使用前注意指针是否指在电压电流刻度线零位，若不指在零位，可用旋具微微转动表盖上的机械零位调节器，使指针恢复指零。万用表调整机械零点操作方法如图 2-18 所示。

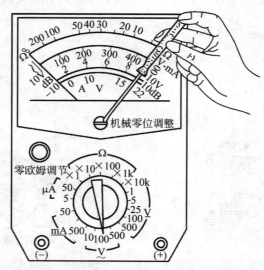

图 2-18　万用表调整机械零点

使用万用表进行测量时，在被测量大小不详时，应先选用较大的量程测量，如不合适再改用较小的量程，应尽量使表头指针指到满刻度的 2/3 左右。在测量正在进行的同时，严禁转动转换开关更换量程。

 小提醒

万用表使用完毕后，注意将转换开关置于交流电压最高挡或空挡上。

（1）交流电压的测量方法

测量交流电压前，要注意量程的选择。根据被测对象将转换开关旋至所需的位置，例如测量 220V 交流电压时，可选用 V 区间的 250V 量程挡。测量时应将万用表并接到被测元件上。待指针稳定后，根据指针所在位置正确读出测量数值并记录。

$$被测值＝量程/5×大分度格数＋量程/50×小分度格数$$

 小提醒

万用表表面刻度盘上有多条标度尺，测量时应根据转换开关旋钮所处的位置，在对应的标度尺上读数，并注意所选量程与标度尺读数的倍率关系。

（2）直流电流的测量方法

测量直流电流时，应根据电路的其他参数估算出电流的大概数值，将转换开关旋到直流电流挡"mA"区间，再选择适当的电流量程，将万用表串联到被测电路中进行测量并保证电流由红表笔流入，黑表笔流出。测量方法如图 2-19 所示。

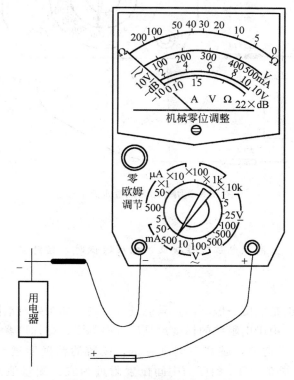

图 2-19　用万用表测量直流电流

小提醒

千万不能用直流电流挡误测交直流电压，这样会损坏仪表。

（3）直流电压的测量方法

直流电压测量方法与交流电压的测量方法基本相同，将转换开关旋至 V 区间，选择合适的量程，将万用表并联在被测电路上进行测量。但必须注意红表笔接电路中的高电位，黑表笔接电路中的低电位。测量方法如图 2-20 所示。

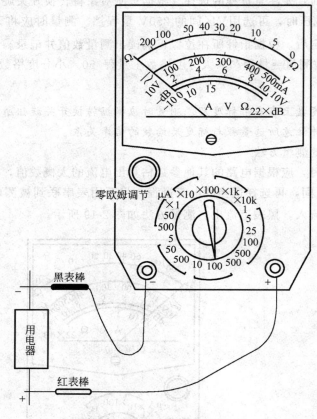

图 2-20　用万用表测量直流电压

小提醒

测量直流电压时，若高低电位极性接反，电压较低时，指针会反偏；电压较高时，可能损坏仪表。

（4）电阻的测量方法

用万用表测电阻的精确度一般不高，只能进行粗测，如果要对电阻进行精确测量需利用电桥或用其他方法。由于电阻挡的标度尺是反方向刻度，即标度盘的左边为"∞"，右边为"0"，并且刻度不均匀，越往左刻度越密，读数的精确度越差，因此应选择合适的倍率，最终使表针指在"Ω"刻度的中间位置附近为宜，测量值由表盘"Ω"刻度线上读数。

被测电阻值＝表盘"Ω"刻度读数×倍率

测量电阻前，应先调整欧姆零点，将两表笔短接，看表针是否指在电阻标度尺的"0"刻度上，若不指零，应转动欧姆调零旋钮，使表针指在零点，操作方法如图 2-21（a）所示，并且每更换一次电阻的倍率挡，都应重新"调零"。如果调不到"0"位，说明万用表内的电池已陈旧，应更换新电池。更换或取出电池的方法如图 2-22 所示。

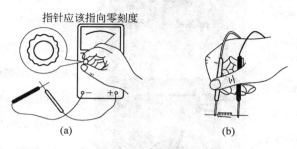

图 2-21　用万用表测量电阻

测量时，右手像拿筷子一样拿住两表笔的绝缘部分，左手拿住被测电阻的中间，然后将表笔的金属端跨接在电阻的两金属引脚上，测量中不允许用两手同时触及被测电阻两端，以避免并联上人体电阻，使读数减小，造成测量误差。测量电阻的方法如图 2-21（b）所示。若指针太偏左侧，说明倍率挡选小了；若指针太偏右侧，说明倍率挡选大了；这两种情况容易造成较大的测量误差。这里还要注意，测量电阻时不可带电测量，并要将被测电阻与电路断开。

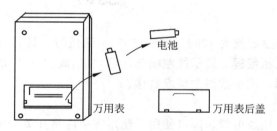

图 2-22　万用表更换电池的方法

小提醒

万用表测量电阻时，用的是内部电源，这时黑表笔接的是电源的正极，红表笔接的是电源负极。

（二）数字万用表

数字万用表的用途与指针式万用表类似，数字式万用表的表头为数字电压表，它用液晶数字显示测量的结果，工作可靠，直接显示数字及单位。其读数具有客观性和直观性，并且具有量程自动转换、价格低、使用方便、功耗小、体积小、准确度高等特点，应用十分广泛。

1. 数字万用表的面板结构

DT9205A 型数字万用表的外形图如图 2-23 所示。数字万用表的前面板包括液晶显示屏、电源开关、量程转换开关、输入插孔、晶体管测量插孔、电压电流测量输入端等，后面板装有电池。

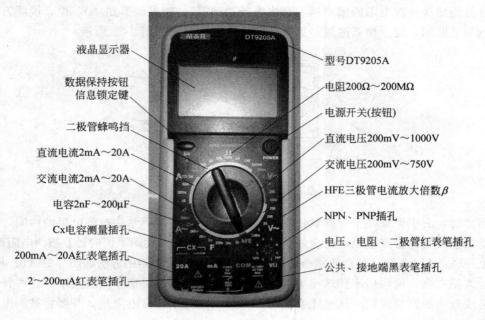

图 2-23　DT9205A 数字万用表外形图

（1）液晶显示屏

液晶显示屏的最大显示值为 1999（或－1999）。测量时，具有自动调零和自动显示极性功能。若测量时输入超量程，显示屏左端会显示"1"或"－1"的提示符号，小数点由量程开关进行同步控制，使小数点左移或右移。

（2）电源开关

将电源开关按入，接通电源，即可使用。使用完毕应将开关按出，以免空耗电池。

（3）量程转换开关

位于面板中央的量程开关，提供多种测量功能和量程，供使用者选择。若使用表内蜂鸣器做电路通断检查时，量程开关应放在标有"·））"的挡位上。

（4）晶体管测量插孔

采用八眼插座，旁边分别标有 B、C、E。其中，E 孔有两个，在内部连通。测量时，应将被测晶体管三个极对应插入 B、C、E。

（5）输入插孔

输入插孔共有四个，位于面板下方。使用时黑表笔插在 COM 插孔，红表笔应根据被测量的种类和量程不同，分别插在 VΩ、mA、20A 插孔内。

2．数字万用表的测量方法

（1）直流电压的测量

如图 2-24 所示，将黑表笔插入"COM"插孔，红表笔插入"VΩ"插孔，将量程置于"V-"的适当量程。两表笔并联在被测电路两侧，显示屏上就显示出被测直流电压的数值。

（2）交流电压的测量

如图 2-25 所示，将量程开关拨至"V～"范围内的适当量程，表笔接法同上，测量方法与测量直流电压相同。

图 2-24　直流电压的测量

图 2-25　交流电压的测量

小提醒

在测量交流电压时一般只能测量频率在 1000Hz 以下的正弦波电压，并且指示值为正弦波的有效值。

（3）直流电流的测量

将量程开关置于"A-"范围内的合适量程。黑表笔插入"COM"插孔，红表笔插入"mA"插孔（被测电流值小于 200mA）或"20A"插孔（被测电流值大于 200mA）。将仪表串联接于被测电路，即可显示直流电流的数值，同时显示红表笔所接端的极性。测量方法如图 2-26 所示。

小提醒

在测量大于 200mA 的电流时，测量时间不宜过长，应小于 15s。

（4）电阻的测量

如图 2-27 所示，将量程开关拨至"Ω"范围内合适量程，红表笔插入"VΩ"插孔，黑表笔插入"COM"插孔，如果量程开关置于 20M 或 2M 挡，则显示值以"MΩ"为单位，置于 2k 挡则以"kΩ"为单位，置于 200 挡则以"Ω"为单位。将表笔跨接在被测电阻两端，读出显示值。

小提醒

当使用数字式万用表电阻挡测量晶体管、电解电容等元器件时，红表笔应插在"VΩ"插孔，带正电；黑表笔应插"COM"插孔，带负电。这点与指针式万用表正好相反。

图 2-26　直流电流的测量

图 2-27　电阻的测量

（5）二极管的测量

如图 2-28 所示，将量程开关拨至 ⊣⊢ 挡，红表笔插入"VΩ"插孔，接二极管正极；黑表笔插入"COM"插孔，接二极管负极。此时显示的是二极管的正向电压，若为锗管则显示范围应为 0.150～0.300V；若为硅管则显示范围应为 0.550～0.700V。如果显示 000，表示三极管被击穿。红表笔插入"VΩ"插孔，接二极管的负极；黑表笔插入"COM"插孔，接二极管的正极。此时显示的是二极管的反相电阻，显示屏数据应为"1"。

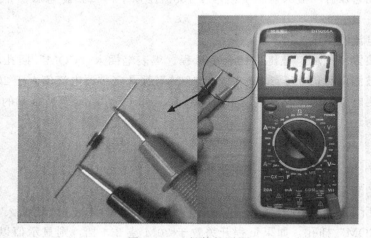
图 2-28　二极管的测量

🐭 *小提醒*

模拟式万用表的电阻挡可直接用来检查二极管，但数字式万用表的电阻挡不宜用来检查二极管、三极管。

（6）测量三极管的 h_{FE}

将量程开关调到 h_{FE} 挡，先确定晶体三极管是 PNP 型还是 NPN 型，以及三个引脚的电极，然后将被测三极管的三个电极分别插入对应的三个插座内。此时仪表显示的读数即为 h_{FE} 的近似参考值，如图 2-29 所示。

图 2-29　三极管的测量

（7）电路通断检测

将量程开关拨至"·）)"挡，红表笔插入"VΩ"插孔，黑表笔插入"COM"插孔，将表笔跨接在预测电路的两端，当两点之间的电阻值小于约 70Ω 时，蜂鸣器便会发出声响。

3. 使用数字万用表的注意事项

① 如果开机后不显示任何数字，应首先检查 9V 集成电池是否已失效，还需检查电池引线有无断线，电池夹是否接触牢靠。若显示出低电压标志符，应及时更换新电池。

② 使用数字万用表时不得超过所规定的极限值。最高 DCV 挡的输入电压极限值为 1000V，最高 ACV 挡则为 700V 或 750V。

③ 测量前若无法估计被测量的大小，应先用最高量程挡测量，再视测量结果选择合适的量程挡。

④ 测量电阻时两手不得碰触表笔的金属端或元件的引出端，以免引入人体电阻，影响测量结果。严禁在被测电路带电的情况下测量电阻。

五、钳形表的使用与维护

通常用电流表测量负载电流时，必须把电流表串联在电路中。当在施工现场需要临时检查电气设备的负载情况或电路流过的电流时，如果先把电路断开，然后把电流表串联到

图 2-30 钳形电流表

电路中，这样很不方便。那么采用钳形电流表测量电流，就不必把电路断开，可以直接测量负载电流的大小。

1. 钳形电流表的工作原理

钳形电流表是根据电流互感器的原理制成的，外形像钳子一样，如图 2-30 所示。

将欲测的导线从铁芯的缺口放入铁芯中央，这条导线就等于电流互感器的一次绕组。然后松手让铁芯自动闭合，被测导线的电流就在铁芯中产生交变磁感应线，使二次绕组感应出与导线流过的电流成一定比例的二次电流，从表上就可以直接读数。钳形电流表的使用方法如图 2-31 所示。

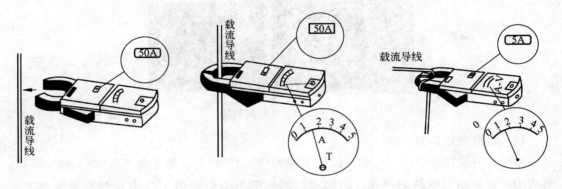

图 2-31 钳形电流表的使用方法

2. 使用钳形电流表的注意事项

① 进行电流测量时，被测载流导线的位置应放在钳口中央，以免产生误差。

② 测量前应先估计被测电流或电压大小，选择合适的量程。或先选用较大量程测量，然后再视被测电流、电压大小，减小量程。

③ 为使读数准确，钳口两个面应保证很好接合。如有杂声，可将钳口重新开合一次。如果声音依然存在，可检查在接合面上是否有污垢存在。如有污垢，可用汽油擦干净。

④ 测量后一定要把调节开关放在最大电流量程，以免下次使用时，由于未经选择量程而造成仪表损坏。

⑤ 测量小于 5A 以下电流时，为了得到较准确的读数。在条件许可时，可把导线多绕几圈放进钳口进行测量，但实际电流值应为读数除以放进钳口内的导线根数。

六、兆欧表的使用与维护

兆欧表，又称为摇表，主要用来测量绝缘电阻。一般用来检测供电电路、电机绕组、电缆、电气设备等的绝缘电阻，以便检验其绝缘程度的好坏。兆欧表的外形图如图 2-32 所示。

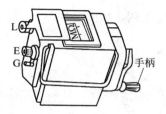

图 2-32 兆欧表外形图

常见的兆欧表主要由作为电源的高压手摇发电机和磁电式流比计两部分组成，兆欧表的结构示意图及其原理电路图如图 2-33 所示。

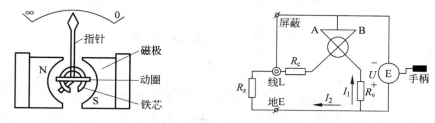

图 2-33 兆欧表的结构示意图及其原理电路图

1. 兆欧表的选择

在测量电气设备的绝缘电阻之前，先要根据被测设备的性质和电压等级，选择适当的兆欧表。

一般测量额定电压在 500V 以下的设备时，选用 500～1000V 的兆欧表，测量额定电压在 500V 以上的设备时，选用 1000～2500V 的兆欧表。例如，测量高压设备的绝缘电阻，不能用额定电压 500V 以下的兆欧表，因为这时测量结果不能反映工作电压下的绝缘电阻；同样不能用电压太高的兆欧表测量低压电气设备的绝缘电阻，否则会损坏设备的绝缘。

此外，兆欧表的测量范围也应与被测绝缘电阻的范围相吻合。一般应注意不要使其测量范围过多地超出所需测量的绝缘电阻值，以免使读数产生较大误差。一般测量低压电气设备绝缘电阻时，可选用 0～200MΩ 量程的表，测量高压电气设备或电缆时可选用 0～2000MΩ 量程的表。刻度不是从零开始，而是从 1MΩ 起始的，兆欧表一般不宜用来测量低压电气设备的绝缘电阻。表 2-4 给出了选择兆欧表的参考依据。

表 2-4　兆欧表的选择依据

被　测　对　象	设备的额定电压（V）	兆欧表额定电压（V）	兆欧表的量程（MΩ）
普通线圈的绝缘电阻	<500	500	0～200
变压器和电动机线圈的绝缘电阻	>500	1000～2500	0～200
发电机线圈的绝缘电阻	<500	1000	0～200
低压电气设备的绝缘电阻	<500	500～1000	0～200
高压电气设备的绝缘电阻	>500	2500	0～2000
瓷瓶、母线、高压电缆	>500	2500～5000	0～2000

2. 使用前的检查

兆欧表使用前要先进行一次开路和短路试验，检查兆欧表是否良好。

将"L"、"E"端开路，摇动手柄，如图2-34（a）所示；"L"、"E"端短接，摇动手柄，如图2-34（b）所示。

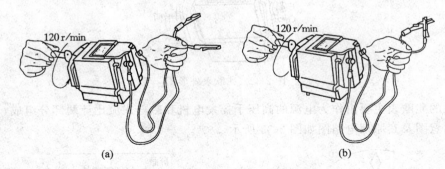

(a)   (b)

图 2-34　兆欧表的开路和短路试验

3．兆欧表的接线

兆欧表上有三个分别标有接地"E"、电路"L"和保护环"G"的接线柱。

① 测量电路绝缘电阻时，可将被测端接于电路"L"接线柱上，以良好的地线接于接地"E"的接线柱上，连接方法如图2-35所示。

② 测量电动机绝缘电阻时，将电动机绕组接于电路"L"端，机壳接于接地"E"端，如图2-36所示。

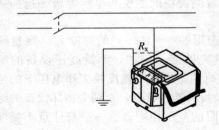

图 2-35　用兆欧表测量电路绝缘电阻

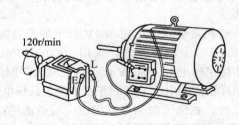

图 2-36　用兆欧表测量电动机绝缘电阻

③ 测量电动机绕组间的绝缘性能时，将电路"L"端和接地"E"端分别接在电动机两绕组的接线端，如图2-37所示。

④ 测量电缆的缆芯对缆壳的绝缘电阻时，除将缆芯接于电路"L"和缆壳接于接地"E"以外，还要将电缆壳、芯之间的内层绝缘物接保护环"G"，以消除因表面漏电而引起的误差，如图2-38所示。

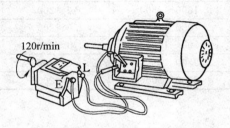

图 2-37　测量电动机绕组间的绝缘性能

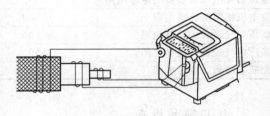

图 2-38　测量电缆的绝缘电阻

4．使用兆欧表的注意事项

① 在进行测量前要先切断电源，被测设备一定要进行放电及人身安全。

② 接线柱与被测设备间连接的导线不能用双股绝缘线或绞线，应用单股线分开单独连接，避免因绞线绝缘不良引起误差，应保持设备表面清洁干燥。

③ 测量时，表面应放置平稳，手柄摇动要由慢渐快。

④ 一般采用均匀摇动 1min 后的指针位置作为读数。兆欧表转动手柄的转速一般为 120r/min。测量中如发现指针指示为 0，则应停止转动手柄，以防表内线圈过热而烧坏。

⑤ 在兆欧表转动尚未停下或被测设备未放电时，不可用手进行拆线，以免引起触电。

七、电能表的使用与维护

电能表是计量电能的仪表，即能测量某一段时间内所消耗的电能。单相电能表的外形如图 2-39 所示。

电能表按用途分为有功电能表和无功电能表两种，它们分别计量有功功率和无功功率。按结构分有单相表和三相表两种。

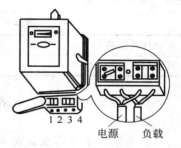

图 2-39 单相电能表的外形

1．电能表的结构

电能表的种类虽不同，但其结构是一样的。它由两部分组成：一部分是固定的电磁铁，另一部分是活动的铝盘。电能表有驱动元件、转动元件、制动元件、计数机构、支座和接线盒等部件。

① 驱动元件：驱动元件有两个电磁元件，即电流元件和电压元件。转盘下面是电流元件，它由铁芯及绕在它上面的电流线圈所组成。电流线圈匝数少，导线截面积相当大，它与用电器串联。转盘上面的部分是电压元件，它由铁芯及绕在它上面的电压线圈所组成。电压线圈线径细，匝数多，它与照明电路的用电器并联。

② 转动元件：转动元件是由铝制转盘及转轴组成的。

③ 制动元件：制动元件是一块永久磁铁，在转盘转动时产生制动力矩，使转盘转动的转速与用电器的功率大小成正比。

④ 计数机构：计数机构由蜗轮杆、齿轮机构组成，用于电功计量。

⑤ 支座：支座用于支撑驱动元件、制动元件和计数机构等部件。

⑥ 接线盒：接线盒用于连接电能表内外电路。

2．电能表的安装和使用要求

① 电能表应按设计装配图规定的位置进行安装。应注意不能安装在高温、潮湿、多尘及有腐蚀气体的地方。

② 电能表应安装在不易受振动的墙上或开关板上，墙面上的安装位置以不低于 1.8m 为宜。这样不仅安全，而且便于检查和"抄表"。

③ 为了保证电能表工作的准确性，必须严格垂直装设。如有倾斜，会发生计数不准

或停走等故障。

④ 电能表的导线中间不应有接头。接线时接线盒内的螺钉应全部拧紧，不能松动，以免接触不良，引起接头发热而烧坏。配线应整齐美观，尽量避免交叉。

⑤ 电能表在额定电压下，当电流线圈无电流通过时，铝盘的转动不超过 1 转，功率消耗不超过 1.5W。根据实践，一般 5A 的单相电能表每月耗电为 1kW·h 左右。所以，每月电能表总需要补贴总电能表 1kW·h 电能。

⑥ 电能表装好后，开亮电灯，电能表的铝盘应从左向右转动。若铝盘从右向左转动，说明接线错误，应把相线（火线）的进出线调接一下。

⑦ 单相电能表的选用必须与用电器总瓦数相适应。在 220V 电压的情况下，根据公式：

$$P = I \cdot U$$

式中，P 为功率，单位为 W；I 为电流，单位为 A；U 为电压，单位为 V。可以算出不同规格的电能表可装用电器的最大功率。

一般来说，对于一定规格的电能表所安装用电器的总功率是表 2-5 中最大功率的 1/5～1/4 最为适宜。

表 2-5　不同规格电能表可装用电器的最大功率

瓦时计的规格/A	3	5	10	25
可装用电器最大功率/W	660	1100	2200	5500

⑧ 电能表在使用时，电路不允许短路，不允许用电器超过额定值的 125%。注意电能表不要受撞击。

⑨ 电能表不允许安装在 10% 额定负载以下的电路中使用。

3. 电能表的接线

电能表能否正确运行，决定于制造、安装运行、维修等多方面的因素，而电能表的接线是否正确是一个非常重要的环节。它们的连接有直接接入或间接接入方式。下面分别介绍几种常用电能表的接线方式。

① 在低压小电流电路中，电能表可直接接在电路上，如图 2-40 所示。一般在电能表接线盒的背面都有具体接线图。

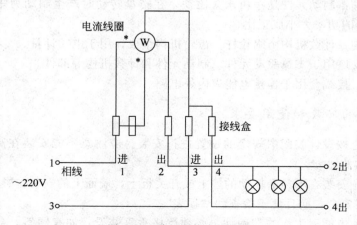

图 2-40　单相电能表的接线

② 在低电压大电流电路中，若电路的负载电流超过电能表的量程，须经电流互感器将电流变小，即将电能表连接成间接式接在电路上，接线方法如图 2-41 所示。要把电能表上的耗电数值乘以电流互感器的倍数就是实际耗电量。

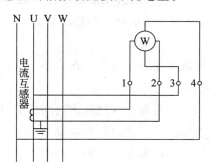

图 2-41　经过电流互感器的单相电能表接线

③ 三相三元件电能表经过电流互感器的接线方法如图 2-42 所示。

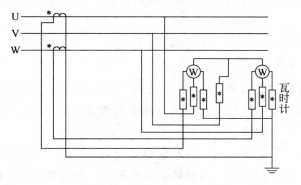

图 2-42　三相三元件电能表经过电流互感器的接线方法

④ 三相四线三元件电能表的接线方法如图 2-43 所示。

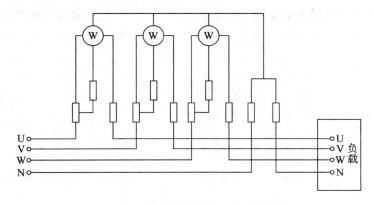

图 2-43　三相四线三元件电能表的接线

4. 新型电能表简介

简要介绍一下我国近期开发的具有较高科技含量的长寿式机械电能表、静止式电能表、电卡预付费电能表、防窃型电能表。

（1）长寿式机械电能表

长寿式机械电能表是在充分吸收国内外电能表设计、选材和制造经验的基础上开发的新型电能表，具有宽负载、长寿命、低功耗、高精度等优点。它与普通电能表相比，在结构上具有以下特点：

① 表壳采用高强度透明聚碳酸酯注塑成型，在 $60\sim110℃$ 范围内不变形，能达到密封防尘、抗腐蚀老化及阻燃的要求。

② 底壳与端钮盒连体，采用高强度、高绝缘、高精度的热固性材料注塑成型。

③ 轴承采用磁推轴承，支撑点采用进口石墨衬套及高强度不锈钢针组成。

④ 阻尼磁钢由铝、镍、钴等双极强磁性材料，经过高、低温老化处理，性能稳定。

⑤ 计度器支架采用高强度铝合金压铸，字轮、标牌均能防止紫外线辐射，不褪色，齿轮轴采用耐磨材料制作，不加润滑油，机械负载误差小。

⑥ 电流线圈线径较粗，自热影响小，稳定性好，与端钮盒连接接头采用银焊压接，接触可靠。

⑦ 电压电路功耗小于 0.8W，损耗小，节能。

（2）静止式电能表

静止式电能表是借助于电子电能计量先进的机理，继承传统感应式电能表的优点，采用全屏蔽、全密封的结构，具有良好的抗电磁干扰性能，集节电、可靠、轻巧、高精度、高过载、防窃电等为一体的新型电能表。

静止式电能表的工作原理：由分流器取得电流采样信号，分压器取得电压采样信号，经乘法器得到电压电流乘积信号，再经频率变换产生一个频率与电压电流乘积成正比的计算脉冲，通过分频，驱动步进电动机，使计度器计量，如图 2-44 所示。

静止式电能表按电压等级分为单相电子式、三相电子式和三相四线电子式等；按用途可分为单一式和多功能静止式电能表的安装使用要求与一般机械式电能表大致相同，但接线宜粗，避免因接触不良而发热烧毁。静止式电能表安装接线如图 2-45 所示。

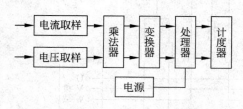

图 2-44 静止式电能表工作原理方框图

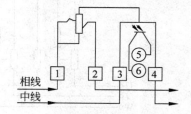

图 2-45 静止式电能表接线图

（3）电卡预付费电能表

电卡预付费电能表又称为 IC 卡表或磁卡表。它不仅具有电子式电能表的各种优点，而且电能计量采用先进的微电子技术进行数据采集、处理和保存，实现先付费后用电的管理功能。

电卡预付费电能表由电能计量和微处理器两个主要功能块组成。电卡预付费电能表工作原理方框图如图 2-46 所示。

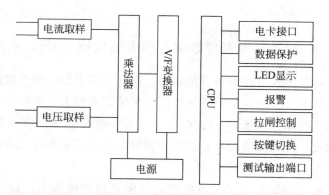

图 2-46 电卡预付费电能表工作原理方框图

电卡预付费电能表也有单相和三相之分。单相电卡预付费电能表的接线如图 2-47 所示。

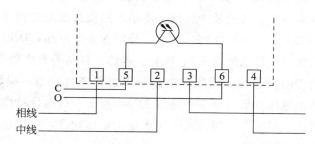

图 2-47 单相电卡预付费电能表的接线

（4）防窃型电能表

防窃型电能表是一种集防窃电与计量功能于一体的新型电能表，可有效地防止违章窃电行为，堵住窃电漏洞，给用电管理带来了极大的方便。

防窃型电能表主要具有以下两个特点：

① 正常使用时，盗电制裁系统不工作。

② 当出现非法短路电流回路时，盗电制裁系统工作，电能表加快运转，并催促非法用电户停止窃电行为。如电能表反转时，此表采用了双向计度器装置，使倒转照样计数。

任务实施

1. 学生分组练习常用电工仪表如万用表、钳形表、兆欧表、电能表的使用方法。

2. 教师设置仪器仪表故障，让学生分组查找原因并进行修正。

3. 教师设置电气设备故障点，让学生分组选择合适的仪表并进行检修。

 知识拓展

普通万用表与数字万用表的优缺点对比

指针式万用表与数字式万用表各有优缺点。指针万用表是一种平均值式仪表，它具有直观、形象的读数指示。一般读数值与指针摆动角度密切相关，所以很直观。

数字万用表是瞬时取样式仪表。它采用 0.3s 取一次样来显示测量结果，有时每次取样结果只是十分相近，并不完全相同，这对于读取结果就不如指针式方便。指针式万用表一般内部没有放大器，所以内阻较小。

数字式万用表由于内部采用了运放电路，内阻可以做得很大，往往在 1MΩ 或更大。这使得对被测电路的影响可以更小，测量精度较高。

指针式万用表由于内阻较小，且多采用分立元件构成分流分压电路，所以频率特性是不均匀的（相对数字式来说），而数字式万用表的频率特性相对好一点。指针式万用表内部结构简单，所以成本较低，功能较少，维护简单，过流过压能力较强。

数字式万用表内部采用了多种振荡、放大、分频保护等电路，所以功能较多。比如可以测量温度、频率（在一个较低的范围）、电容、电感，作信号发生器等。

数字式万用表由于内部结构多用集成电路所以过载能力较差，损坏后一般也不易修复。数字式万用表输出电压较低（通常不超过 1V）。对于一些电压特性特殊的元件的测试不便，如可控硅、发光二极管等。指针式万用表输出电压较高，电流也大，可以方便地测试可控硅、发光二极管等。

对于初学者应当使用指针式万用表，对于非初学者应当使用两种仪表。

技能训练一：电流表、电压表的安装与测量

一、训练目的

1. 学会在配电盘上安装带互感器的交流电流表和带电压切换开关的直读式电压表；
2. 学会用配电盘上的交流电流表和电压表测量三相电路的电流及线电压。

二、工具器材

钢丝钳、尖嘴钳、电工刀、扳手、螺丝刀、测电笔、钢锯、榔头等常用电工工具一套，量程为 5A 的配电板式电流表 3 只，比率为 30/5 的电流互感器 3 只，RC1—60A 熔断器 3 只，400V 直读式电压表 1 只，电压转换开关 1 只，三极胶盖闸刀开关 1 只，已制作好的铁质或木质配电板（能安装上述所有元器件）1 块，螺钉、导线若干。

三、训练步骤及内容

① 将电流表、电流互感器、电压表、电压转换开关、熔断器、闸刀等器件固定在配电板上，并将有关资料填入表 2-6 和表 2-7 中。

表 2-6　器件型号、规格

名称 内容	电流表	电压表	电流互感器	熔断器	闸刀开关	导线	
						主电路	二次电路
型号							
规格							

表 2-7　器件之间最小距离（mm）

内容 方向	电流表与 电流表	电流表 与边缘	电流表与 电压表	电流表与对 应互感器	互感器与 互感器	熔断器 与闸刀	熔断器与 电流表
水平方向							
竖直方向							

② 按图 2-48 所示，在配电板上连接电流、电压测量电路，经检查无误后，用鼠笼式电动机作负载，通电运行，将有关数据记入表 2-8 中。

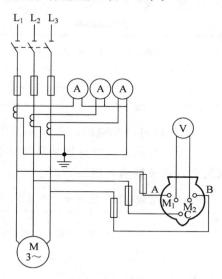

图 2-48　三相电路电流、电压的测量

表 2-8　三相电路的电流、电压

内容	电动机			启动电流			运行电流			运行电压		
项目	容量	额定电压/V	额定电压/A	I_{L1}	I_{L2}	I_{L3}	I_{L1}	I_{L2}	I_{L3}	U_{12}	U_{13}	U_{23}
参数												

技能训练二：交流电压、直流电压、直流电流的测量

一、训练目的

1. 学会用万用表熟练地测量交流电压、直流电压和直流电流；
2. 掌握万用表的常规使用方法。

二、工具器材

万用表 1 块，调压器 1 个，交流电压表 1 块，直流稳压电源 1 台，一字形和十字形螺丝刀各 1 把，电烙铁 1 把，印制电路板 1 块，图 2-49 所示电路中的电阻 5 只。

三、训练步骤及内容

① 切断实习室电源总闸刀开关，将调压器输入端接 220V 市电，输出端接实习室电源，在实习桌配置的插座上进行交流电压测量训练（如果实习桌上安装了调压器，则无须另接，可直接使用）。用交流电压表监视调压器输出电压，用万用表进行测量，数据填入表 2-9 中。

表 2-9　交流电压的测量

量程读数　测量次数	第 1 次	第 2 次	第 3 次	第 4 次	第 5 次
量程					
读数					

② 按图 2-49 所示在印制板上焊接好测试电路，将直流稳压电源的输出接到测试电路的输入端（如果实习桌上配置有稳压电源，则可直接从实习桌引入直流）。调节稳压电源，选择 1 至 3 种输出电压，测量后，将数据填入表 2-10 中。

表 2-10　直流电压、直流电流的测量

测量项目	测量内容　电路元件参数　测试数据	$R_1=20\text{k}\Omega$，$R_2=100\Omega$，$R_3=470\Omega$，$R_4=51\text{k}\Omega$，$R_5=10\text{k}\Omega$				
直流电压/V	测量对象	U_{ad}	U_{ab}	U_{bd}	U_{bc}	U_{cd}
	计算数据					
	万用表量程					
	测量数据					
直流电流/mA	测量对象					
	计算数据					
	万用表量程					
	测量数据					

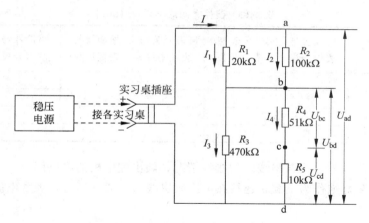

图 2-49　直流电压、直流电流的测量电路

技能训练三：电度表的接线及运行观察

一、训练目的

1. 掌握交流感应式电度表的工作原理；
2. 了解家用配电板的结构及元件布局；
3. 学会用电度表计量电能。

二、工具器材

钢丝钳、尖嘴钳、电工刀、扳手、螺丝刀、测电笔、钢锯、榔头等常用电工工具一套，装有 5A 有功电度表的家用配电板 1 块，100W 灯泡 1 只。

三、训练步骤及内容

① 检查配电板上各元器件的型号规格和安装位置，将有关资料填入表 2-11 和表 2-12 中。

表 2-11　器件型号、规格

名称 内容	电度表	熔断器	闸刀开关	导线	
				电度表总线	电度表出线
型号					
规格					

表 2-12　器件之间最小距离（mm）

方向＼内容	电度表与表板边缘	电度表与闸刀开关	闸刀开关与表板边缘	熔断器与表板边缘	熔断器与闸刀开关	熔断器与熔断器
水平方向（左）						
水平方向（右）						
竖直方向（上）						
竖直方向（下）						

② 检查电度表的进线与出线端的接线情况，画出配电板的电路图。

② 用 100W 灯泡作为负载，连接在电度表出线端，通电运行，观察电度表运行情况。

项目三

电工材料与低压电器的使用

任务一　常用电工材料的选择与使用

学习知识要点：

1. 掌握常用线材的选择与使用方法；
2. 掌握绝缘材料的选择与使用方法；
3. 掌握磁性材料的选择与使用方法。

职业技能要点：

1. 能根据不同场合正确选择常用电工线材；
2. 掌握绝缘材料的选择标准与使用方法；
3. 理解磁性材料的品种与应用范围并进行合理的选择使用。

 任务描述

电工线材是室内外电路布线、电气设备之间的连接的必备材料，熟练掌握各种常见线材、绝缘材料、磁性材料的性能与应用范围，对工作人员正确选择合适的电工线材显得尤为重要。本任务主要介绍常用线材、绝缘材料、磁性材料的选择与使用。

任务分析

通过教师对常用电工线材、绝缘材料、磁性材料的讲解，要求学生掌握常用电工材料的选择与使用，并能根据工作场所正确选择合适的电工线材。

任务资讯

一、常用线材的选择与使用

1. 常用线材——电线

① BLX 型、BLV 型：铝芯电线，由于其质量轻通常用于架空电路尤其是长途输电

电路。

② BX、BV 型：铜芯电线被广泛采用在机电安装工程中，但由于橡皮绝缘电线生产工艺比聚氯乙烯绝缘电线复杂，且橡皮绝缘的绝缘物中某些化学成分会对铜产生化学作用，这种作用虽然轻微，但仍是一种缺陷，所以在机电安装工程中基本被聚氯乙烯绝缘电线替代。

③ RV 型：铜芯软线主要采用在需柔性连接的可动部位。

④ BVV 型：多芯的平形或圆形塑料护套，可用在电气设备内配线，较多地出现在家用电器内的固定接线，但型号不是常规电路用的 BVV 硬线，而是 RW，为铜芯塑料绝缘塑料护套多芯软线。

例如，一般家庭和办公室照明通常电路采用 BV 型或 BX 型聚氯乙烯绝缘铜芯线作为电源连接线；机电安装工程现场中电焊机至焊钳的连线多采用 RV 型聚氯乙烯绝缘平形铜芯软线，因为电焊位置不固定，多移动。

2. 常用线材——电缆

① VLV、VV 型电力电缆：不能受机械外力作用，适用于室内、隧道内及管道内敷设。

② VLV22、VV22 型电缆：能承受机械外力作用，但不能承受大的拉力，可敷设在地下。

③ VLV32、VV32 型电缆：能承受机械外力作用，且可承受相当大的拉力，可敷设在竖井内、高层建筑的电缆竖井内，且适用于潮湿场所。

④ YFLV、YJV 型电力电缆：主要是高压电力电缆，随着下标的变化情况与前述各型电缆相同，下面举例说明可敷设的场所。

例如，舟山至宁波的海底电缆使用的是 VV59 型铜芯聚氯乙烯绝缘聚氯乙烯护套内粗钢丝铠装电缆，因为它可以承受较大的拉力，具有防腐能力，且适用于敷设在水中；但浦东新区大连路隧道中敷设的跨黄浦江电力电缆却采用的是 YJV 型铜芯交联聚乙烯绝缘聚氯乙烯护套电缆，因为在隧道里电缆不会受到机械外力作用，也不要求承受大的拉力。

⑤ KVV 型控制电缆：适用于室内各种敷设方式的控制电路中。与电线一样，电力电缆的使用除满足场所的特殊要求外，从技术上看，主要应使其额定电压满足工作电压的要求。例如，家用电器使用的 220V 电线；一般工业企业用 380V 线缆；输配电电路使用的是 500kV、220kV、110kV 超高压和高压线缆等。

二、绝缘材料的选择与使用

绝缘材料严格地讲，并非绝对不导电，只是通过电流很小。

绝缘材料在电气设备中的作用是把电位不同的带电部分隔离开来。另外，它还能起到机械支撑、保护导体、防止电晕及灭弧等作用。

1. 绝缘材料的分类

电工绝缘材料品种很多，按其形态可分为气体、液体和固体；按其化学性质又可分为无机、有机和混合绝缘材料。

① 按其形态可分为气体、液体和固体。

气体绝缘材料：常用的有空气、氮、氢、二氧化碳、六氟化硫等。

液体绝缘材料：常用的有变压器油、开关油、电容器油等。

固体绝缘材料：常用的有云母、玻璃、瓷器、胶、塑料、橡胶等。

② 按其化学性质又可分为无机、有机和混合绝缘材料。

无机绝缘材料：常用的有云母、瓷器、石棉、大理石、玻璃、硫黄等，用于电机、电器的绕组绝缘、开关底板和绝缘子等。

有机绝缘材料：常用的有橡胶、树脂、棉纱、纸、麻、蚕丝、人造丝、石油等，用于制造绝缘漆、绕组导线的外层绝缘等。

混合绝缘材料：由无机和有机两种绝缘材料进行加工制成的成型绝缘材料，用于电器的底座、外壳等。

2. 绝缘材料的性能指标

为了防止绝缘性能损坏造成事故，绝缘材料应符合规定的性能指标。绝缘性能主要表现在电阻率、击穿强度、机械强度、耐热性能等方面。

绝缘材料抵抗电击穿的能力称为电击穿强度或绝缘强度。当外施电压增高到某一极限值时，就会丧失绝缘特性而被击穿。通常以 1mm 厚的绝缘材料所能承受的千伏电压值表示。一般低压电工工具，如电工钳绝缘柄可耐压 500V，使用中必须注意其绝缘强度。

由绝缘材料构成的绝缘零件或绝缘结构，都要承受拉伸、重压、扭曲、弯折、振动等机械负荷。因此，要求绝缘材料本身具有一定的机械强度。

当温度升高时，绝缘材料的电阻、击穿强度、机械强度等性能都会降低，因此，要求绝缘材料在规定的温度下能长期工作且绝缘性能保证可靠。不同成分的绝缘材料的耐热程度不同，为此耐热等级分为 Y，A，E，B，F，H，C 七个等级，并对每个等级的绝缘材料规定了最高极限工作温度。

① Y 级。极限工作温度为 90℃，如木材、棉花、纸、纤维、醋酸纤维、聚酰胺等纺织品及易于热分解和熔化点低的塑料绝缘物。

② A 级。极限工作温度为 105℃，如漆包线、漆布、漆丝、油性漆及沥青等绝缘物。

③ E 级。极限工作温度为 120℃，如玻璃布、油性树脂漆、高强度漆包线、乙酸乙烯耐热漆包线等绝缘物。

④ B 级。极限工作温度为 130℃，如聚酯薄膜、经相应树脂处理的云母、玻璃纤维、石棉、聚酯漆、聚酯漆包线等绝缘物。

⑤ F 级。极限工作温度为 155℃，如用 F 级绝缘树脂黏合或浸渍、涂敷后的云母、玻璃丝、石棉、玻璃漆布，以及由上述材料为基础的层压制品、云母粉制品、化学热稳定性较好的聚酯和醇酸类材料、复合硅有机聚酯漆。

⑥ H 级。极限工作温度为 180℃，如加厚 F 级材料、云母、有机硅云母制品、硅有机漆、硅有机橡胶聚酰亚胺复合玻璃布、复合薄膜、聚酰亚胺漆等。

⑦ C 级。极限工作温度超过 180℃，不采用任何有机黏合剂及浸渍剂的无机物，如石英、石棉、云母、玻璃等。

　　绝缘材料除以上性能指标外，还有如密度、膨胀系数、耐酸、耐腐蚀性及吸水性等。在选用绝缘材料时，应根据不同需要首先考虑要有合格的绝缘电阻、足够的绝缘强度、允许的耐热等级，其次再考虑要有较好的理化性能、较高的机械强度、加工使用方便等因素。

小提醒

　　绝缘材料在使用过程中，受各种因素的长期作用，可能会因电击穿、腐蚀、自然老化、机械损伤等原因，使绝缘性能下降甚至失去绝缘性能。

3. 常用电工绝缘材料的选择

　　常用绝缘材料性能和用途一览表见表 3-1。

表 3-1　常用绝缘材料性能和用途一览表

名称	颜色	厚度/mm	击穿电压/V	极限工作温度/℃	特点	用途	备注
电话纸	白色	0.04 0.05	400	90	坚实，不易破裂	<0.4mm 的漆包线的层间绝缘	类似品：相同厚度的打字纸、描图纸或胶版纸
电缆纸	土黄色	0.08 0.12	400 800	90	柔顺，耐拉力强	>0.4mm 漆包线的层间绝缘、低压绕组间的绝缘	类似品：牛皮纸
青壳纸	青褐色	0.25	1500	90	坚实、耐磨	线包外层绝缘，简易骨架	
电容器纸	白、黄色	0.03	50	90	薄，耐压较高	<0.3mm 漆包线的层间绝缘	
聚酯薄膜	透明	0.04 0.05 0.10	3000 4000 9000	120～140	耐热，耐高压	高压绕组层、组间等的绝缘	
聚酯薄膜粘带	透明	0.055～ 0.17	5000～ 17000	120	耐热，耐高压，强度高	同上，便于低压绝缘密封	
聚氯乙烯薄膜粘带	透明略黄	0.14～ 0.19	1000～ 1700	60～80	较柔软，黏性强，耐热差	低压和高压线头包扎场合	
油性玻璃漆布	黄色	0.15 0.17	2000～ 3000	120	耐热好，耐压较高	线圈、电器绝缘衬垫	
沥青醇酸玻璃漆布	黑色	0.15 0.17	2000～ 3000	130	耐热，耐潮好；耐压较高，耐油差	同上，但不太适用于在油中工作的线圈及电器等	
油性漆布（黄蜡布）	黄色	0.14 0.17	2000～ 3000	90	耐高压，但耐油性较差	高压线圈层、组间绝缘	
油性漆绸（黄蜡绸）	黄色	0.08	4000	90	耐压高，较薄，耐油较好	高压线圈层、组间绝缘	一般适用于需减小绝缘物体积之场合
聚四氟乙烯薄膜	透明	0.03	6000	280	耐压及耐温性能极好	需耐高压、高温或酸碱等的绝缘	价格昂贵

名称	颜色	厚度/mm	击穿电压/V	极限工作温度/℃	特点	用途	备注
压制板	土黄色	1.0 1.5		90	坚实，易弯折	线包骨架	
高频漆	黄色			90（干固后）	黏合剂	黏合绝缘纸、压制板、黄蜡布等，线圈浸渍	代用品：洋干漆
清喷漆	透明稍黄				黏合剂	黏合绝缘纸、压制板、黄蜡布等，线圈浸渍	又名：蜡克
云母纸	透明	0.10 0.13 0.16	1600 2000 2600	130 以上	耐热好，耐压较好，但易碎，不耐潮	各类绝缘衬垫等	
环氧树脂灌封剂	白色				常用配方：6101 环氧树脂 70%，乙二胺 9%，磷苯二甲酸二丁酯 21%	电视机高压位等高压线圈的灌封、黏合等	宜慢慢灌入内，以防空气进入
硅橡胶灌封剂	白色					电视机高压包等高压线圈的灌封、黏合等	同上
地蜡	糖浆色					各类变压器浸渍处理用	石蜡 70%，松香 30%

三、磁性材料的选择与使用

1. 常用磁性材料分类及特点

把磁性材料放在磁场中，磁场将显著增强，这时磁性材料也即呈现磁性，这种现象称为磁化。磁性材料所以能被磁化，是因为磁性材料中存在许多"分子磁铁"（也称为"磁畴"），磁畴体积很小，约 $10cm$。在无外磁场作用时，这些磁畴杂乱无章地排列着，磁场相互抵消，对外不呈现磁性；在受到外磁场作用时，磁畴都趋向外磁场的方向，因而形成一个附加磁场，与外磁场叠加，从而使磁场显著加强，磁性材料也显示出极性，这时磁性材料就成了磁铁。

当外磁场去掉后，有些磁性材料的磁畴不能马上恢复到原状，仍保留一定的磁性，此现象称为剩磁。若消除此剩磁，需加一个反向的磁场，所加的反向磁场的强度称为矫顽力。

不同的磁性材料在磁化后，去掉外磁场后所存在的剩磁大小不同，矫顽力大小也不同，由此，将磁性材料分为软磁材料和硬磁材料两类。前者主要用作电机、变压器、电磁线圈的铁芯，后者主要用在电工仪表内作磁场源。

2. 软磁材料

软磁材料的主要特点是磁导率高，剩磁和矫顽力很低，是很容易磁化，也很容易去磁的材料。软磁材料有电工纯铁、电工硅钢片、铁镍合金和铁、铝、硅合金等。

电工纯铁的代号为DT，其含碳量在0.04%以下，它有高的饱和磁感应强度，高的磁导率，低的矫顽力，良好的冷加工性能，多制成块状或柱状。其缺点是电阻率低，在交流磁场中铁损耗高，因此只适合作直流器件的铁芯、磁极，不宜用在交流器件中。

电工硅钢片是电机、电器、仪表等行业广泛应用的重要磁性材料，用来作电机、变压器、电气仪表等产品的铁芯。在铁中加入1.8%～4.5%的硅，就是硅钢。它比电工纯铁的电阻率高，因此铁损耗小。由于硅的加入使其硬度和脆性增大，在一定频率和磁感应强度下，有较低的铁损耗和较高的磁感应强度，多用于低频强磁场中。

在铁中加入38%～81%的镍，经真空冶炼而成。铁镍合金工作频率在1MHz以下，是电工行业常用的一种高级软磁材料。

电子技术中，为满足弱信号的要求，常选用磁导率和磁感应强度高的铁镍合金。

软磁铁氧体广泛用于高频或较高频率范围内的电磁元件中。其电阻率高，饱和磁感应强度低，温度稳定性较差。无线电技术中最常用的镍锌和锰锌铁氧体，被用来制作滤波线圈、脉冲变压器、可调电感器、高频扼流圈及天线等的铁芯。

磁性材料的软磁材料的品种、主要特点和应用范围见表3-2。

表3-2　软磁材料的品种、主要特点和应用范围

品　　种		特　　点	主要用途
电工用纯铁		含碳量在0.04%以下，饱和磁感应强度高，冷加工性好，但电阻率低，铁损耗高，有磁时效现象	一般用于直流磁场
硅钢片		铁中加入0.8%～4.5%的硅而成为硅钢。与电工用纯铁比，电阻率高，铁损耗低，导热系数低，硬度提高，脆性增大	电机、变电器、继电器、互感器、开关等产品的铁芯
铁镍合金		在低磁场作用下，磁导率高，矫顽力低，但对应力比较敏感	频率在1MHz以下，低磁场中工作的器件
铁铝合金		与铁镍合金相比，电阻率高，密度小，但磁导率低，随着含铝量的增加，硬度和脆性增大，塑性变差	低磁场和高磁场下工作的器件
软磁铁氧体		烧结体，电阻率非常高，但饱和磁感应强度低，温度稳定性也较差	高频或较高频率范围内的电磁元件
其他磁材料	铁钴合金	饱和磁感应强度特高，伸缩系数和居里温度高，但电阻率低	航空器件的铁芯，电磁铁磁极，换能器元件
	恒导磁合金	在一定的磁感应强度、温度和频率范围内磁导率基本不变	恒电感和脉冲变压器的铁芯
	磁温度补偿合金	居里温度低，在环境温度范围内，磁感应强度随温度升高而急剧地近似线性地减少	磁温度补偿元件

3. 硬磁材料

硬磁材料的主要特点是矫顽力高，经饱和磁化后，具有较大的矫顽力和剩磁感应强度。硬磁材料的磁滞曲线肥而胖，将外磁场去掉后，在很长时间内仍保持强的和稳定的磁性。主要用作提供磁能的永久磁铁，如铝镍钴、稀土钴、硬磁铁氧体等。

常用的永磁材料有铬钨钢、铁镍钴合金、钕铁硼、铝镍钴及由钡、锶等金属氧化物构成的铁氧体永磁材料等。常用永磁材料的性能和主要用途见表 3-3。

表 3-3　常用永磁材料性能和主要用途

材料	类型	性能	主要用途
铸造铝镍钴系永磁材料	各向同性	制造工艺简单，可做成体积大或多对永磁体，但性能是该系统永磁材料中最低的	一般用于制作磁电式仪表、永磁电机、磁分离器、微电机、里程表
	热磁处理各向异性	剩磁和最大磁能积大，制造工艺复杂	精密磁电式仪表、永磁电机、流量计、微电机、磁性支座、传感器、扬声器、微波器件
	定向结晶各向异性	性能是该系永磁材料中最高的，制造工艺复杂，脆性大，容易折断	精密磁电式仪表、永磁电机、流量计、微电机、磁性支座、传感器、扬声器、微波器件
粉末烧结铝镍钴系永磁材料		永磁体表面光洁，密度小，原料消耗小，磁性能较低，宜作体积小或要求工作磁通均匀性高的永磁体	微电机、永磁电机、继电器、小型仪表
铁氧体永磁材料		矫顽力高，回复磁导率小，密度小，电阻率大	永磁点火电机、永磁电机、永磁选矿机、永磁吊头、磁推轴承、磁分离器、扬声器、微波器件、磁医疗片
稀土钴永磁材料		矫顽力和最大磁能积是永磁材料中最高的，适用于微型或薄片状永磁体	低速转矩电动机、启动电动机、力矩电动机、传感器、磁推轴承、助听器、电子聚焦装置
塑性变性永磁材料		剩磁大，矫顽力低	里程表、罗盘仪

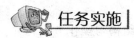

任务实施

1. 学生分组讨论各种常见电工线材及其性能与应用场所。
2. 教师设疑，设置场景，让学生分组讨论如何选择合适的线材。

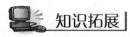

知识拓展

磁 性 材 料

电工中应用的磁性材料主要有铁磁性材料和铁氧体。按其矫顽力可分为软磁材料和永磁材料两大类。软磁材料用于交变磁场，而永磁材料用于静态磁场。按材料组成可分成金属和非金属两种。前者有 Fe、Co、Ni、Gd 及其合金，也可包括稀土类元素，如 RCO_5，其中 R 为稀土元素 Sm、Ce 和 Pr。非铁磁元素的合金也可以成为铁磁材料，例如 Mn、Cu 和 Al 等。非金属型材料有铁氧体，它具有磁畴结构，能自发磁化而具有铁磁性。铁磁性材料具有磁滞回线，在交变磁场中造成损耗，必须设法降低。交流磁场作用下引起的涡电流，也会造成损耗。两种损耗统称铁耗，都造成设备发热，这在高频率下特别突出。铁氧体的铁耗在高频下特别小，成为适用于高频的磁性材料。

磁性材料的某些特殊性能还可用于特殊场合。例如具有直角磁滞回线的材料可以用作磁记忆材料。某些磁性材料在磁场强度变化时其几何尺寸发生变化，称为磁致伸缩材料，可用于超声发生器和接收器及机电换能器中，用以测量海洋深度、探测材料的缺陷等。

任务二　常用低压电器

学习知识要点：

1. 了解常用低压电器的分类；

2. 了解常用低压电器如转换开关、自动空气开关、低压熔断器、主令电器的结构，并掌握它们的使用方法。

职业技能要点：

1. 掌握常用低压电器的使用场所与操作方法；

2. 在常用低压电器出现故障时，可以独立完成故障原因排查并进行检修。

 任务描述

低压电器能够依据操作信号或外界现场信号的要求，自动或手动地改变电路的状态、参数，实现对电路或被控对象的控制、保护、测量、指示、调节，是电路非常重要的组成部分。本任务将详细讲解七种常用低压电器设备的使用与维护。

任务分析

通过对常用低压电器的理论讲解，要求学生熟练掌握低压电器的结构与操作方法，并且能在不同的工作场合选择正确的低压电器类型与型号，遇到低压电器故障时可以独立排查出故障原因并进行检修。

任务资讯

凡是根据外界特定信号自动、手动地接通、断开电路或非电对象控制的电气产品都称为电器。低压电器是指工作于交流 50Hz，交流额定电压 1200V 以下、直流额定电压 1500V 以下的电路中，起通断、保护、控制或调节作用的电器产品。

按照用途的不同，低压电器可分为低压配电电器和低压控制电器两大类。低压配电电器主要有刀开关、转换开关、熔断器、断路器等，对低压配电电器的主要技术要求是分断能力强、限流效果高、动稳定和热稳定性高、操作过电压低。低压控制电器主要有接触器、控制继电器、启动器、主令电器等，对低压控制电器的主要技术要求是适当的转换能力、操作频率高、电寿命和机械寿命长等。下面介绍几种常用低压电器。

一、转换开关（组合开关）

组合开关又称转换开关，属于刀开关类型，其结构特点是用动触片代替闸刀，以左右旋转操作代替刀开关的上下分合操作，有单极、双极和多极之分。HZ10—10/3 型组合开关的外观图、结构图及符号如图 3-1 所示。

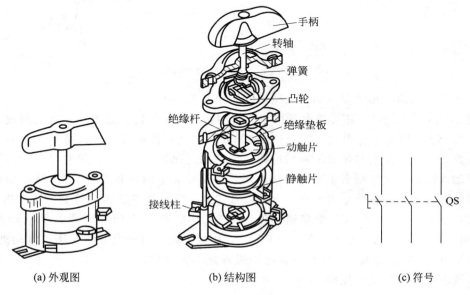

(a) 外观图　　　　　　(b) 结构图　　　　　　(c) 符号

图 3-1　HZ10—10/3 型组合开关

普通型的组合开关，可以用于各种低压配电设备中，不频繁地接通和切断电路，如用于交流电压 380V 以下或直流 220V 以下的电路中。作为电源引入开关，可用来控制 5kW 以下小容量电动机的启动、停车和正反转，也可以作为机床照明电路的控制开关。当用于电动机控制时，其启动、停止的操作频率应小于（15～20）次/h；用于控制电动机正反转时，必须使电动机先经过完全停止的位置，然后才能接通反向运转电路，否则会因为反转启动电流较大而损坏开关。

（1）用于控制三相电路通断的转换开关

图 3-2 为一用于控制三相电路通断的转换开关的结构示意图。胶木盒内装有一个可转动的公共轴，轴上装有多个触片，这些可随轴转动的触片称动触片。胶木盒内还装有与动触片数目相同的静触片。这些静触片由接线柱与外电路相连。手柄只有两个定位位置，即水平位置和垂直位置，由凸轮定位。当转动手柄至水平位置时，静触片与动触片断开（即 X1 与 C1、X2 与 C2、X3 与 C3 断开），电动机停车。当转动手柄至垂直位置时，动触片就插入到相应的静触片中，使三相电路同时接通（即 X1 与 C1、X2 与 C2、X3 与 C3 接通），电动机启动。

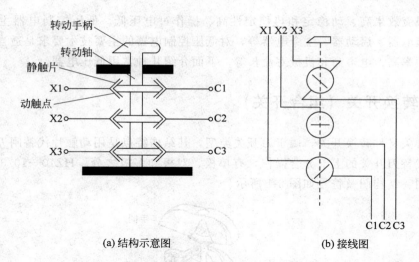

(a) 结构示意图   (b) 接线图

图 3-2 用于控制三相电路通断的转换开关

（2）用于控制三相异步电动机正反转的转换开关

图 3-3 是用于控制三相异步电动机正反转的转换开关结构示意图和触点通断表。图中 X1、X2、X3 分别为电源引线，C1、C2、C3 分别接电动机接线端。转换开关手柄有三个定位位置，在不同位置时接通不同的电路，通断表［见图 3-3（d）］中的符合"×"表示相应的触点接通，空格则表示相应的触点断开。当开关手柄转到位置"0"时，动触点不与任何静触点接触，整个电源断开，见图 3-3（a）。当开关手柄转到位置"Ⅰ"时，X1、X2、X3 分别与 C1、C2、C3 相接通，见图 3-3（b），电动正转。当开关手柄转到位置"Ⅱ"时，X1、X2、X3 则分别与 C1、C2、C3 相接，此时两相电源线对调，电动机反转，见图 3-3（c）。在电动机不频繁起停且电动机容量不大的情况下，可采用这种转换开关方便地实现电动机的正反转控制。

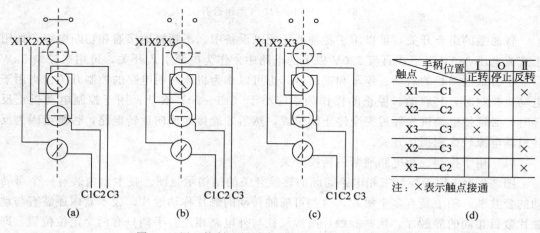

触点 \ 手柄位置	Ⅰ 正转	O 停止	Ⅱ 反转
X1——C1	×		×
X2——C2	×		
X3——C3	×		
X2——C3			×
X3——C2			×

注：×表示触点接通

(a)   (b)   (c)   (d)

图 3-3 用于控制三相异步电动机正反转的转换开关

（3）万能转换开关

另外，还一种多挡的转换开关，它的触点较多，手柄常有几个定位位置；它能同时接通和断开多条电路，这种转换开关通常称为万能转换开关。它常用于选择系统的不同工作方式，例如自动方式、半自动方式和手动方式等。图 3-4 是一种万能转换开关的图形符号和触点断合表。在图形符号中，黑点表示手柄在相应位置时该触点闭合，无黑点表示断开。例如，当手柄转到位置"Ⅱ"时，触点 1 和 3 接通，而触点 2、4、5、6 断开。又如，当手柄转到位置"O"时，所有触点均接通。

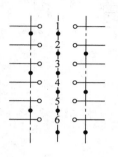

触点　　手柄位置	Ⅰ	O	Ⅱ
1	×	×	
2			×
3	×	×	
4		×	
5	×	×	
6	×	×	

注：×表示触点接通

图 3-4　万能转换开关

常用的转换开关为 LS 系列和 LW 系列。图 3-5 为 LW 系列万能转换开关外形图。

图 3-5　LW 系列万能转换开关外形图

二、自动空气开关

自动空气开关又称自动开关或自动空气断路器，它是一种既可接通分断电路，又能对负荷电路进行自动保护的低压电器。当电路发生严重的过载、短路以及失压等故障时，能够自动切断故障电路（俗称自动跳闸），有效地保护串接在它后面的电气设备。因此，自动空气开关是低压配电网路中非常重要的一种保护电器。在正常条件下，也用于不频繁接通和断开的电路以及控制电动机等。

自动开关种类很多，但均由触点、操作机构、脱扣器、灭弧室等组成。图 3-6 为自动开关的工作原理图。通过手动操作连杆机构使主触点闭合，接通三相电路。过电流线圈串在电路中（图中只画出一个线圈，实际上有两个或三个），欠压线圈则并在电源两端。当电路短路或电流过大时，过电流线圈产生的电磁吸力克服了弹簧的反作用力使过流脱扣器的顶杆向上运动顶开脱扣钩子，于是在弹簧的作用下，使主触点动作，切断电源，起到了保护作用。如电源电压低于某一规定值或者消失时，欠压线圈定磁吸力小于弹簧的作用力，于是欠压脱扣器的顶杆在弹簧的作用下顶开脱扣钩子，起到欠压保护作用。

用自动开关实现短路保护比熔断器优越。因为三相负载中发生线间短路时，很可能只有一相熔断器烧断，造成单相运行。而使用自动开关时，只要发生线间短路，开关就跳闸，将三相电路同时切断，因此，在要求较高的场合常采用自动开关。常用的自动开关为DZ系列。如图3-7所示的几种常用的低压空气开关。

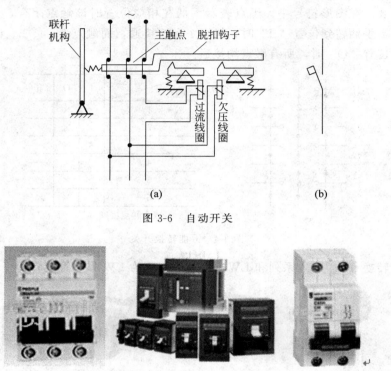

图 3-6 自动开关

图 3-7 几种常用的低压空气开关

三、低压熔断器

　　低压熔断器是低压电路及电动机控制电路中，主要起短路保护作用的电器。它由熔体和安装熔体的绝缘底座或绝缘管等组成。

　　用易熔金属材料，如锡、铅、铜、银及其合金等制成，熔体的熔点一般为200～300℃。熔断器使用时，应串接在要保护的电路中，当正常工作时，熔体相当于一根导体，允许通过一定的电流，熔体的发热温度低于熔化温度，因此不熔断；而当电路发生短路或严重过载故障时，流过熔体的电流大于允许的正常发热的电流，使得熔体的温度不断上升，最终超过熔体的熔化温度而熔断，从而切断电路，保护了电路及设备。熔体熔断后要更换熔体，电路才能重新接通工作。

1. 常用的熔断器

　　常用的熔断器主要有瓷插式熔断器、螺旋式熔断器、螺旋式快速熔断器及有填料封闭管式熔断器等类型。

　　瓷插式熔断器是一种常见的机构简单的熔断器，它由瓷底座、瓷插件、动触点、静触点和熔体组成，外形如图3-8所示。常用的瓷插式熔断器的型号有RC1A等。

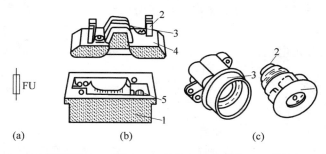

1—瓷底座；2—动触点；3—熔体；4—瓷插件；5—静触点

图 3-8　熔断器外形、文字及图形符号

　　螺旋式熔断器由瓷底座、瓷帽、瓷套、熔管等组成，外形如图 3-9 所示。将熔管安装在底座内，旋紧瓷帽，就接通了电路。当熔体熔断时，熔管端部的红色指示器跳出。旋开瓷帽，更换整个熔管。熔管内的石英砂热容量大、散热性能好，当产生电弧时，电弧在石英砂中迅速冷却而熄灭，因而有较强的分断能力。螺旋式熔断器常用于电气设备的短路和严重过载保护，常用的型号有 RL1、RL6、RL7 等系列。

　　螺旋式快速熔断器的结构与螺旋式熔断器的完全相同，主要用于半导体元件，如硅整流元件和晶闸管的保护，常用的型号有 RLS1、RLS2 等系列。

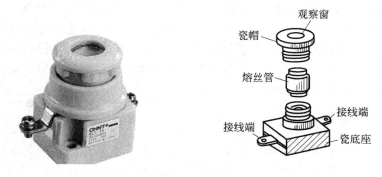

图 3-9　螺旋式熔断器外形及图形符号

　　上述几种熔断器的熔体一旦熔断，需要更换以后才能重新接通电路。现在有一种新型熔断器——自复式熔断器，它用金属钠制成熔体，在常温下具有高电导率，即钠的电阻很小。当电路发生短路时，短路电流产生高温，使钠汽化，而汽态钠的电阻很大，从而限制了短路电流；当短路电流消失后，温度下降，汽化钠又变成固态钠，恢复原有的良好的导电性。自复式熔断器的优点是不必更换熔体，可重复使用。但它只能限制故障电流，不能分断故障电路，因而常与断路器串联使用，提高分断能力。

2. 低压熔断器的型号含义

　　低压熔断器的型号含义如下

$$R12-3$$

其中：R——熔断器。

　　1——组别、结构代号。C 表示插入式，L 表示螺旋式，M 表示无填料封闭式，T

表示有填料封闭式，S 表示快速式，Z 表示自复式。

2——设计序号。

3——熔断器额定电流。

3. 熔断器的选择

（1）熔断器的选择原则

① 根据使用条件确定熔断器的类型。

② 选择熔断器的规格时，应首先选定熔体的规格，然后再根据熔体去选择熔断器的规格。

③ 熔断器的保护特性应与被保护对象的过载特性有良好的配合。

④ 在配电系统中，各级熔断器应相互匹配，一般上一级熔体的额定电流要比下一级熔体的额定电流大 2～3 倍。

⑤ 对于保护电动机的熔断器，应注意电动机启动电流的影响，熔断器一般只作为电动机的短路保护，过载保护应采用热继电器。

⑥ 熔断器的额定电流应不小于熔体的额定电流，额定分断能力应大于电路中可能出现的最大短路电流。

（2）熔断器类型的选择

熔断器主要根据负载的情况和电路断路电流的大小来选择类型。例如，对于容量较小的照明电路或电动机的保护，宜采用 RC1A 系列插入式熔断器或 RM10 系列无填料密闭管式熔断器；对于短路电流较大的电路或有易燃气体的场合，宜采用具有高分断能力 RL 系列螺旋式熔断器或 RT（包括 NT）系列有填料封闭管式熔断器；对于保护硅整流器件及晶闸管的场合，应采用快速熔断器。

4. 使用及维护

① 应正确选用熔体和熔断器。有分支电路时，分支电路的熔体额定电流应比前一级小 2～3 级，对不同性质的负载，如照明电路，电动机电路的主电路和控制电路等，应尽量分别保护，装设单独的熔断器。

② 安装螺旋式熔断器时，必须注意将电源线接到瓷底座的下接线端，以保证安全。

③ 瓷插式熔断器安装熔体时，熔体应顺着螺钉旋紧方向绕过去，同时应注意不要划伤熔体，也不要把熔体绷紧，以免减小熔体截面尺寸或插断熔体。

④ 更换熔体时应切断电源，并应换上相同额定电流的熔体，不要随意加大熔体，更不允许用金属导线代替熔断器接电路。

⑤ 工业用熔断器应由专职人员更换，更换时应切断电源。

⑥ 使用时应经常清除熔断器表面积有的灰尘。对于有动作指示器的熔断器，还应经常检查，若发现熔断器有损坏，应及时更换。

5. 熔断器的常见故障及修理

熔断器的常见故障及修理方法见表 3-4。

表 3-4 熔断器的常见故障及修理方法

故 障 现 象	产 生 原 因	修 理 方 法
电动机启动瞬间熔体即熔断	① 熔体规格选择太小 ② 负载侧短路或接地 ③ 熔体安装时损伤	① 调换适当的熔体 ② 检查短路或接地故障 ③ 调换熔体
熔体未熔断但电路不通	① 熔体两端或接线端接触不良 ② 熔断器的螺帽盖未拧紧	① 清扫并旋紧接线端 ② 旋紧螺帽盖

① 一般变截面熔体在小截面处熔断是因过负荷引起。因为小截面处温度上升快，熔体因过负荷熔断，表现为熔断部位较短。

② 变截面体的大截面部分也熔化，熔体爆或熔体断位很长，一般判断为短路故障引起。

四、主令电器

主令电器是自动控制系统中用来发送控制命令的电器。常见的主令电器有控制按钮、行程开关、万能转换开关等。

1. 控制按钮

控制按钮简称按钮，是一种结构简单，使用广泛的手动主令电器，它可以与接触器或继电器配合，在控制电路中对电动机实现远距离自动控制，用于实现控制电路的电气连锁。LAY3 型按钮开关外形结构图如图 3-10 所示。

图 3-10 LAY3 型按钮开关外形结构图

（1）控制按钮的结构与符号

控制按钮一般由按钮、复位弹簧、触点和外壳等部分组成，其结构示意图如图 3-11 所示。它既有常开触头，也有常闭触头。常态时在复位的作用下，由桥式动触头将静触头 1、2 闭合，静触头 3、4 断开；当按下按钮时，桥式动触头将静触头 1、2 断开，静触头 3、4 闭合。触头 1、2 被称为常闭触头或动断触头，触头 3、4 被称为常开触头或动合触头。

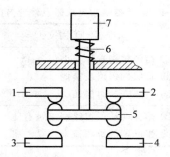

1，2—静触头；3，4—动触头；5—桥式动触头；6—复位弹簧；7—按钮

图 3-11　控制按钮的结构示意图

（2）控制按钮的种类及动作

1）按结构形式分

① 旋钮式——用手动旋钮进行操作。

② 指示灯式——按钮内装入信号灯显示信号。

③ 紧急式——装有蘑菇形钮帽，以示紧急动作。

2）按触点形式分

① 动合按钮——外力未作用时（手未按下），触点是断开的，外力作用时，触点闭合，但外力消失后，在复位弹簧作用下自动恢复到原来的断开状态。

② 动断按钮——外力未作用时（手未按下），触点是闭合的，外力作用时，触点断开，但外力消失后，在复位弹簧作用下自动恢复到原来的闭合状态。

③ 复合按钮——既有动合按钮，又有动断按钮的按钮组，称为复合按钮。按下复合按钮时，所有的触点都改变状态，即动合触点要闭合，动断触点要断开。但是，这两对触点的变化是有先后次序的，按下按钮时，动断触点先断开，动合触点后闭合；松开按钮时，动合触点先复位（断开），动断触点后复位（闭合）。控制按钮的图形符号和文字符号如图 3-12 所示。

(a) 常开触头　　(b) 常闭触头　　(c) 复合触头

图 3-12　控制按钮的图形符号和文字符号

2. 位置开关

位置开关又称行程开关或限位开关，其作用和按钮开关相同，都是对控制电路发出接通、断开和信号转换等指令的电器。但与按钮开关不同的是，位置开关不靠手按而是利用生产机械某些运动部件的碰撞而使触头动作、接通和断开控制电路，达到一定的控制要求。LX19K 型位置开关结构图如图 3-13 所示。

当外界机械挡铁碰压顶杆时，顶杆向下移动，压迫触头弹簧，并通过该弹簧使接触桥

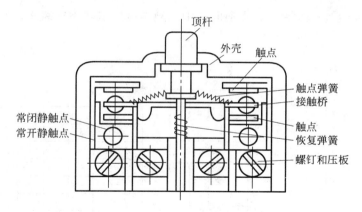

图 3-13 LX19K 型位置开关结构图

离开常闭静触头，转为同常开静触头接触，即动作后，常开触头闭合，常闭触头断开。当外界机械挡铁离开顶杆后，在恢复弹簧的作用下，接触桥重新自动恢复原来的位置。位置开关的符号如图 3-14 所示。

3. 万能转换开关

万能转换开关是一种具有多个操作位置和触点，能进行多个电路的换接的手动控制电器。它可用于配电装置的远距离控制、电气控制电路的换

图 3-14 位置开关符号

接、电气测量仪表的开关转换以及小容量电动机的启动、制动、调速和换向的控制，用途广泛，故称为万能转换开关。

典型的万能转换开关由触点座、凸轮、转轴、定位机构、螺杆和手柄等组成，并由 1～20 层触点底座叠装而成，每层底座可装三对触点，由触点底座中且套在转轴上的凸轮来控制此三对触点的接通和断开。由于各层凸轮的形状可制成不同，因此用手柄将开关转到不同的位置时，使各对触点按需要的变化规律接通或断开，达到满足不同电路的需要的目的。常用的万能转换开关有 LW5、LW6、LW8、LW2 等系列。LW 系列万能转换开关的技术参数包括：额定电流、额定电压、操作频率、机械寿命、电寿命等。其中，LW5 系列的万能转换开关的额定电压为交流 380V 或直流 220V，额定电流为 15A，允许正常操作频率为 120 次/h，机械寿命为 100 万次，电寿命为 20 万次；LW6 系列的万能转换开关的额定电压为交流 380V 或直流 220V，额定电流为 5A。

LW6 系列万能转换开关的结构示意图如图 3-15 所示。万能转换开关的通断形式可由其图形符号或通断表获得。LW6 系列万能转换开关的符号如图 3-16 虚线所示，表示万能转换开关的手柄所处的位置，实黑点表示如手柄旋到该位置是该对触点接通，反之，无实黑点则表示如手柄旋到该位置该对触点没有接通；也可用如

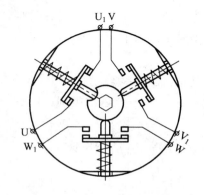

图 3-15 LW6 系列万能转换开关的结构示意图

图 3-16（b）所示的通断表表示，在通断表中，触点接通以"＋"表示，触点没有接通则以"－"表示。

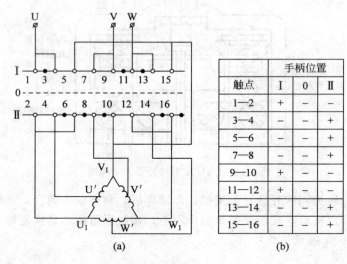

触点	手柄位置		
	I	0	II
1—2	+	-	-
3—4	-	-	+
5—6	-	-	+
7—8	-	-	+
9—10	+	-	-
11—12	+	-	-
13—14	-	-	+
15—16	-	-	+

(a)   (b)

图 3-16　LW6 系列万能转换开关

五、接触器

1. 接触器的型号、图形符号和文字符号

接触器是一种适用于远距离频繁地接通和断开交直流主电路及大容量控制电路的电器。具有低电压释放保护功能、控制容量大、能远距离控制等优点，在自动控制系统中应用非常广泛，但也存在噪声大、寿命短等缺点。其主要控制对象是电动机，也可用于控制电焊机、电容器组、电热装置、照明设备等其他负载。

接触器能接通和断开负荷电流，但不可以切断短路电流，因此常与熔断器、热继电器等配合使用。

接触器分为交流接触器和直流接触器两类，两者都是利用电磁吸力和弹簧的反作用力，使触点闭合或断开的一种电器，但在结构上有各自特殊的地方，不能混用。接触器的型号示例如下：

$$C12 - 3/4$$

其中：C——接触器；

　　　1——接触器类别，J 表示交流，Z 表示直流；

线圈　　　　主触点　　　动断触点　动合触点

图 3-17　交流接触器的图形符号和文字符号

2——设计序号；

3——主触点额定电流；

4——主触点数。

交流接触器的图形符号和文字符号如图 3-17 所示。

2. 交流接触器

交流接触器由电磁机构、触点系统、灭弧装置和其他部件组成。常用的型号有 CJ20、CJX1、CJX2、CJ12、CJ10 和 CJ0 系列。CJ20 系列交流接触器是全国统一设计的新型接触器，主要适用于 50Hz、660V（CJ20—63 型可用于 1100V）双断点结构。CJ20—63 型及以上的接触器采用压铸铝底座，并以增强耐弧塑料底板和高强度陶瓷灭弧罩组成三段式结构，触点系统的动触桥为船形结构，具有较高的强度和较大的热容量，静触点选用型材并配以铁质引弧角，便于电弧向外运动，辅助触点安置在主触点两侧，采用无色透明聚碳酸酯做成封闭式结构，防止灰尘侵入。图 3-18 为 CJ20—63 型交流接触器的结构示意图。

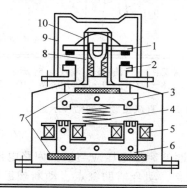

1—动触点；2—静触点；3—衔铁；4—缓冲弹簧；5—电磁线圈；
6—铁芯；7—毡垫；8—触点弹簧；9—灭弧罩；10—触点压力簧片

图 3-18　CJ20—63 型交流接触器的结构示意图

3. 直流接触器

直流接触器的结构和工作原理与交流接触器基本相同，也是由触点系统、电磁机构、灭弧装置等部分组成；但也有不同之处，电磁机构的铁芯中磁通变化不大，故可用整块铸钢做成。

由于直流电弧比交流电弧难以熄灭，因此直流接触器常采用磁吹灭弧装置。图 3-19 为直流接触器的结构示意图。常用的直流接触器有 CZ0、CZ18 系列，是全国统一设计的产品，主要用于电压 440V、额定电流 600A 的直流电力电路中，作为远距离接通和分断电路，控制直流电动机的启动、停车、反接制动等。

4. 接触器的选择

接触器应合理选择，一般根据以下原则来选择接触器。

① 接触器类型：交流负载选交流接触器，直流负载选直流接触器，根据负载大小不同，选择不同型号的接触器。

② 接触器额定电压：接触器的额定电压应大于或等于负载回路电压。

③ 接触器额定电流：接触器的额定电流应大于或等于负载回路的额定电流。对于电动机负载，可按下面的经验公式计算。

$$I_j = 1.3 I_e$$

式中：I_j 为接触器主触点的额定电流；

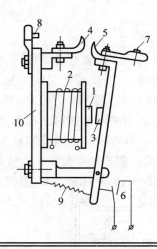

1—铁芯；2—线圈；3—衔铁；4—静触点；5—动触点；
6—辅助触点；7,8—接线柱；9—反作用弹簧；10—底板

图 3-19　直流接触器的结构示意图

I_e 为电动机的额定电流。

④ 吸引线圈的电压：吸引线圈的额定电压应与被控回路电压一致。

⑤ 触点数量：接触器的主触点、动合辅助触点、动断辅助触点的数量应与主电路和控制电路的要求一致。

注意：直流接触器的线圈加直流电压，交流接触器的线圈一般加交流电压。有时为了提高接触器的最大操作频率，交流接触器也有采用直流线圈的。如果把应加直流电压的线圈加上交流电压，因电阻太大，电流太小，则接触器往往不吸合。如果将应加交流电压的线圈加上直流电压，则因电阻太小，电流太大，会烧坏线圈。

5. 接触器常见故障及其维修

接触器是一种频繁动作的控制电器，要定期检查，要求可动部分灵活，紧固件无松动，触点表面清洁，不允许在使用中去掉灭弧罩。接触器可能发生的故障很多，如无法修理应及时用同型号的接触器更换。常见的故障原因有以下几种。

① 接触器的触点接触压力不够，触点被电弧灼伤导致表面接触不良，接触电阻增大，工作电流过大，回路电压过低，负载侧短路等。处理方法：调整触点压力，处理因电弧而产生的蚀坑，调换合适的接触器，提高操作电压等。

② 衔铁歪斜，铁芯端面有锈蚀或尘垢、反作用弹簧弹力太小、衔铁运动受阻、短路环损坏或脱落，电压过低等。处理方法：清洁衔铁端面，调整衔铁到合适的位置，更换弹簧，消除衔铁受阻因素，更换短路环，提高操作电压，检查电压过低原因。

③ 线圈电流过大，线圈技术参数不符合要求，衔铁运动被卡等。处理方法：找出引起线圈电流过大的原因，更换符合要求的线圈，使衔铁运动顺畅。

④ 触点在电弧温度时，触点材料汽化或蒸发，三相接触不同步，触点闭合时的撞击或触点表面相对摩擦运动。处理方法：调换合适的接触器，调整三相触点使其同步、排除短路原因，如触点磨损严重，则要更换接触器。

6. 接触器的使用和维护

① 检查接触器铭牌与线圈的技术数据是否符合控制电路的要求。接触器的额定电压不应低于负载的额定电压，主触点的额定电流不应小于负载的额定电流，操作时的频率不要超过产品说明书上的规定要求，其他条件也应符合要求。操作线圈的额定电压应符合电路的要求，太低或太高会产生吸不上或线圈烧毁的故障。如接触器的交流励磁线圈额定电压为 220V，若误接 380V，则因励磁电流过大而烧毁；若误接的是 7V，则衔铁不吸合，气隙长度增加，导磁系数减小，以致因励磁电流长时间较大而烧毁。

② 检查接触器的外观，应无机械损伤。用手推动接触器的活动部分时，要动作灵活，无卡住现象。

③ 新近购置或搁置已久的接触器，最好做解体检查。要把铁芯上的防锈油擦干净，以免油污的黏性影响接触器的释放，要把铁锈洗去。

④ 检查接触器在 85% 额定电压时能否正常工作，会不会卡住；在失压或电压过低时，能否释放。

六、继电器

继电器是一种自动电器，广泛用于电动机或电路的保护以及生产过程的自动化控制。它是一种根据外界输入的信号进行通、断的自动切换电器，其触点常接在控制电路中。

继电器的种类很多，按输入信号的不同可分为电压继电器、电流继电器、时间继电器、热继电器、速度继电器、温度继电器与压力继电器等。

1. 热继电器

热继电器是利用测量元件被加热到一定程度而动作的一种继电器。在电路中用作电动机或其他负载的过载和断相保护。它主要由加热元件、双金属片、触点和传动系统构成。图 3-20 为双金属片热继电器的结构原理图。双金属片是由两种不同膨胀系数的金属压焊

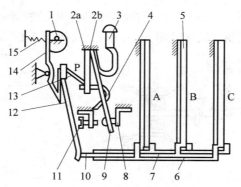

1—电流调节凸轮；2a,2b—簧片；3—手动复位按钮；4—弓簧；
5—主双金属片；6—外导板；7—内导板；8—动断静触点；
9—动触点；10—杠杆；11—复位调节螺钉；12—补偿双金属片；
13—推杆；14—支撑件；15—弹簧

图 3-20 JR16 型系列双金属片热继电器结构原理图

而成，与加热元件串联在主电路上，当电动机过载时，双金属片受热弯曲从而推动导板移动，使动断触点动作。热继电器的图形和文字符号如图 3-21 所示。

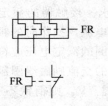

图 3-21　热继电器的图形和文字符号

热继电器主要参数有：热继电器额定电流、相数、热元件额定电流、整定电流及调节范围等。热继电器的额定电流是指热继电器中，可以安装的热元件的最大整定电流值。热元件的额定电流是指热元件的最大整定电流值。

热继电器的整定电流是指热元件能够长期通过而不致引起热继电器动作的最大电流值。通常，热继电器的整定电流是按电动机的额定电流整定的。对于某一热元件的热继电器，可手动调节整定电流旋钮，通过偏心轮机构，调整双金属片与导板的距离，能在一定范围内调节其电流的整定值，使热继电器更好地保护电动机。

运行中热继电器的检查：

① 检查负荷电流是否和热元件的额定值相配合。

② 检查热继电器与外部的连接点处有无过热现象。

③ 检查与热继电器连接的导线截面是否满足载流要求，有无因发热而影响热元件正常工作的现象。

④ 检查热继电器的运行环境有无变化，温度是否超出允许范围。

⑤ 若热继电器动作，则应检查动作情况是否正确。

检查热继电器周围环境温度与被保护设备周围环境温度，如前者较后者高出 15～25℃时，应调换取大一号等级热元件；如低 15～25℃时，应调换小一号等级热元件。

2. 电磁式继电器

电磁式继电器是使用最多的一种继电器，其基本结构和动作原理与接触器大致相同。但继电器是用于切换小电流的控制和保护的电器，其触点种类和数量较多，体积较小，动作灵敏，无须灭弧装置。

（1）电流继电器

电流继电器是根据线圈中电流的大小而控制电路通、断的控制电器。它的线圈是与负载串联的，线圈的匝数少、导线粗，线圈阻抗小。电磁式电流继电器的结构如图 3-22（a）所示。

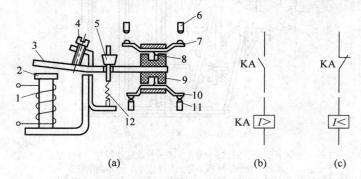

(a)　　　　　　　　　　(b)　　　　　(c)

1—电流线圈；2—铁芯；3—衔铁；4—止动螺钉；5—反作用调节螺钉；
6，11—静触点；7，10—动合触点；8—触点弹簧；9—绝缘支架；12—反作用弹簧

图 3-22　电磁式电流继电器的结构示意图及符号

电流继电器又有过电流继电器和欠电流继电器之分。当线圈电流超过整定值时，衔铁吸合、触点动作的继电器，称为过电流继电器，它在正常工作电流时不动作。过电流继电器的图形符号、文字符号如图 3-22（b）所示。

当线圈电流降到某一整定值时，衔铁释放的继电器，称为欠电流继电器，通常它的吸合电流为额定电流的 30%～50%，而释放电流为额定电流的 10%～20%，正常工作时衔铁是吸合的。欠电流继电器的文字符号、图形符号如图 3-22（c）所示。

（2）电压继电器

电压继电器是根据线圈两端电压大小而控制电路通断的控制电器。它的线圈是与负载并联的，线圈的匝数多、导线细，线圈的阻抗大。

电压继电器又分为过电压继电器和欠电压继电器。过电压继电器是在电压为 110%～115% 的额定电压及以上动作，而欠电压继电器在电压为 40%～70% 额定电压动作。它们的图形符号、文字符号如图 3-23 所示。常用的电压继电器有 JT4 等系列。

（3）中间继电器

中间继电器实际上也是一种电压继电器，但它的触点数量较多，容量较大。中间继电器的图形符号、文字符号如图 3-24（a）所示，有 JZ12、JZ7、JZ8 等系列。图 3-24（b）所示为中间继电器的结构外形图。

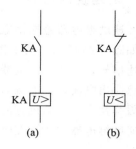

图 3-23　电压继电器符号

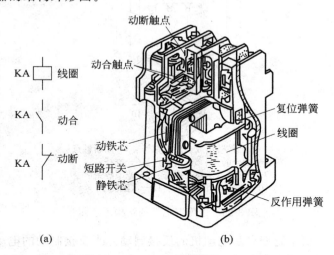

图 3-24　中间继电器的结构外形图和符号

3．时间继电器

时间继电器是一种在线圈通电或断电后，自动延时输出信号。时间继电器的种类很多，主要有电磁式、空气阻尼式、晶体管式等。这里只介绍最常用的空气阻尼式时间继电器，它广泛应用于交流电路中。时间继电器的符号如图 3-25 所示。

空气阻尼式时间继电器是利用空气阻尼来获得延时动作，可分为通电延时型和断电延时型两种。它由电磁机构、工作触点及气室三部分组成，它的延时是靠空气的阻尼作用来

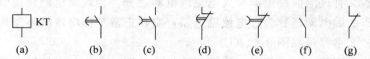

图 3-25　时间继电器的符号

实现的。空气阻尼式时间继电器具有延时范围较宽、结构简单、工作可靠、价格低廉、寿命长、不受电源电压和频率波动的影响等优点，但是延时精度低，一般用于延时精度要求不高的场合。

4.速度继电器

速度继电器是根据电磁感应原理制成的，主要由转子、定子和触点三部分组成，其结构如图 3-26 所示。其工作原理是：套有永久磁铁的轴与被控电动机的轴相连，用以接收转速信号，当速度继电器的轴由电动机带动旋转时，磁铁磁通切割圆环内的笼型绕组，绕组感应出电流，该电流与磁铁磁场作用产生电磁转矩，在此转矩的推动下，圆环带动摆杆克服弹簧力顺电动机方向偏转一定角度，并拨动触点改变其通断状态。调节弹簧松紧可调节速度继电器的触点在电动机不同转速时切换。

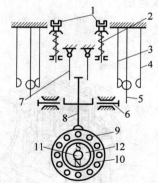

1—调节螺钉；2—反力弹簧；3—动断触点；
4—动合触点；5—动触点；6—推杆；
7—返回杠杆；8—摆杆；9—笼型导条；
10—圆环；11—转轴；12—水磁转子

图 3-26　速度继电器的结构示意图

速度继电器主要用于笼型异步电动机的反接制动。当反接制动的电动机转速下降到接近零时，能自动切断电源。速度继电器的符号如图 3-27 所示。速度继电器的常用型号有 JY1 和 JF20 系列。它们的触点额定电压为 380V，触点额定电流为 2A，额定工作转速为 200～3600r/min，一般在 100r/min 以下转速时触点复原。

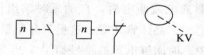

图 3-27　速度继电器的符合

5. 继电器的常见故障

继电器常见故障的产生原因及其处理方法见表 3-5。

表 3-5 继电器故障的产生原因及其处理方法

故障现象	产 生 原 因	处 理 方 法
通电后不能动作	线圈断路	更换线圈
	线圈额定电压高于电源电压	更换额定电压合适的线圈
	运动部件被卡住	查明卡住的地方并加以调整
	运动部件歪斜和生锈	拆下后重新安装调整及清洗去锈
通电后不能完全闭合或吸合不牢	线圈电源电压过低	调整电源电压或更换额定电压合适的线圈
	运动部件被卡住	查出卡住处并加以调整
	触点弹簧或释放弹簧压力过大	调整弹簧压力或更换弹簧
	交流铁芯极面不平或严重锈蚀	修整极面及去除锈蚀或更换铁芯
线圈损坏或烧毁	交流铁芯分磁环断裂	更换分磁环或更换铁芯
	空气中含粉尘、油污、水蒸气和腐蚀性气体，以致绝缘损坏	更换线圈，必要时还要涂覆特殊绝缘漆
	线圈内部断线	重绕或更换线圈
	线圈因机械碰撞和振动而损坏	查明原因及做适当处理，再更换或修复线圈
	线圈在超压或欠压下运行而电流过大	检查并调整线圈电源电压
	线圈额定电压比其电源电压低	更换额定电压合适的线圈
	线圈匝间短路	更换线圈
触点严重烧损	负载电流过大	查明原因，采取适当措施
	触点积聚尘垢	清理触点接触面
	电火花或电弧过大	采用灭火花电路
	触点烧损过大，接触面小且接触不良	修整触点接触面或更换触点
	触点太小	更换触点
	接触压力太小	调整触点弹簧或更换新弹簧
触点发生熔焊	闭合过程中振动过分激烈或发生多次振动	查明原因，采取相应措施
	接触压力太小	调整或更换弹簧
	接触面上有金属颗粒凸起或异物	清理触点接触面
线圈断电后仍不释放	释放弹簧反力太小	换上合适的弹簧
	极面残留黏性油脂	将极面擦拭干净
	交流继电器防剩磁气隙太小	用细锉将有关极面锉去 0.1mm
	直流继电器的非磁性垫片磨损严重	更换新的非磁性垫片
	运动部件被卡住	查明原因做适当处理
	触点已熔焊	撬开已熔焊的触点并更换新的

七、漏电保护器

漏电保护器又称剩余电流保护器（RCD），是低压供电系统普遍采用的预防人体触电的五大措施之一，五大措施是：电气设备绝缘、保护接零（地）、等电位连接、漏电保护器和电工安全用具措施。

1. 漏电保护器的原理

漏电保护器可分为电压型和电流型两大类，这里讲解常用的电流型漏电保护器的原理。

（1）普通电流型漏电保护器

普通电流型漏电保护器的原理如图 3-28 所示，保护器由零序电流互感器、电子放大器、晶闸管和脱扣器等部分组成。零序电流互感器是关键器件，制造要求很高，其构造和原理跟普通电流互感器基本相同，零序电流互感器的初级线圈是绞合在一起的 4 根线，3 根火线 1 根零线，而普通电流互感器的初级线圈只是 1 根火线。初级线圈的 4 根线要全部穿过互感器的铁芯，4 根线的一端接电源的主开关，另一端接负载。

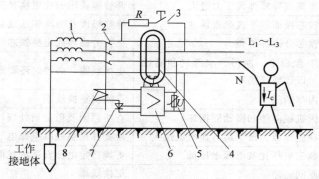

1—供电变压器；2—主开关；3—试验按钮；4—零序电流互感器；
5—压敏电阻；6—放大器；7—晶闸管；8—脱扣器

图 3-28　电流型漏电保护器的原理

正常情况下，不管三相负载平衡与否，同一时刻 4 根线的电流和（矢量和）都为零，4 根线的合成磁通也为零，故零序电流互感器的次级线圈没有输出信号。

当火线对地漏电时，如图中人体触电时，触电电流经大地和接地装置回到中性点。这样同一时刻 4 根线的电流和不再为零，产生了剩余电流，剩余电流使铁芯中有磁通通过，从而互感器的次级线圈有电流信号输出。互感器输出的微弱电流信号输入到电子放大器 6 进行放大，放大器的输出信号用作晶闸管 7 的触发信号，触发信号使晶闸管导通，晶闸管的导通电流流过脱扣器线圈 8 使脱扣器动作而将主开关 2 断开。压敏电阻 5 的阻值随其端电压的升高而降低，压敏电阻的作用是稳定放大器 6 的电源电压。

上述电路是针对三相四线制、中性点接地供电系统的，这种漏电保护器也适用于三相三线制、双相两线制和单相两线制，也适用于不接地系统，接线图如图 3-29 所示。

（2）接地式电流型漏电保护器

接地式电流型漏电保护器是特殊的电流型漏电保护器，其原理和上述普通电流型保护器基本相同，见图 3-30，但是接线方法有区别。二者的区别是：普通电流型漏电保护器的零序电流互感器连接在主电路中，而接地式电流型漏电保护器把零序电流互感器的初级线圈串联在变压器中性点的接地线中。这种漏电保护器是我国自行研制的新型保护器，适用于变压器中性点接地的供电系统，是按用一台漏电保护器对系统进行总保护的要求设计

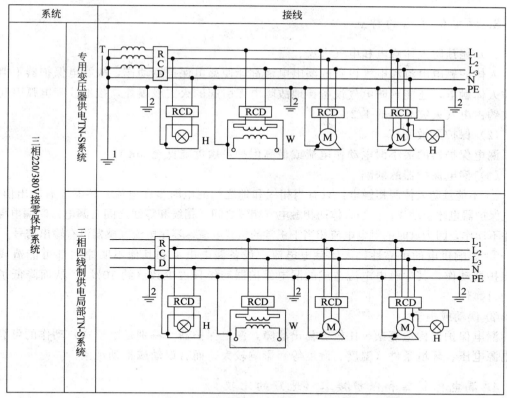

L₁、L₂、L₃—相线；N—工作零线；PE—保护零线、保护线；1—工作接地；2—重复接地；T—变压器；
RCD—漏电保护器；H—照明器；W—电焊机；M—电动机

图 3-29 漏电保护器的接线方法

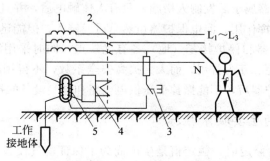

1—供电变压器；2—主开关；3—试验按钮；
4—电磁式漏电脱扣器；5—零序电流互感器

图 3-30 接地式漏电保护器的原理

的，经济实用，特别适用于农村电网，小型施工工地也可以采用。

2. 漏电保护器的分类

漏电保护器按功能区分可以分为漏电保护开关和继电器；按原理可分为电磁式和电子式；按动作时间可分为瞬时动作式和延迟动作式；按使用方式可分为固定式和移动式；按功能多样性可分为单一功能和多功能漏电保护器。

3. 漏电保护器的特点

（1）能预防人体触电和电气火灾、爆炸

人体的触电电流和电气设备的漏电电流都能使漏电保护器动作，故漏电保护器不但能预防人体触电，还能预防电气设备接地故障电弧引起的火灾或爆炸，接地故障电弧引起的火灾约占电气火灾总数的 1/2。

（2）保护灵敏度高

漏电保护器的最小漏电动作电流或最高保护灵敏度能低至 6mA。

（3）漏电保护器的缺陷

① 不能预防人体两相触电：只有当相线和地之间漏电时零序电流互感器才有输出信号，漏电保护器也才会动作；而当人体两相触电（相线之间，相线和零线之间有漏电）时漏电保护器并不动作，因为这时的触电电流相当于正常的负载电流，零序电流互感器没有输出信号。

② 影响供电的可靠性：人体触电电流、设备漏电电流和其他不明原因都可能造成漏电保护器动作，其中触电电流造成的漏电保护器动作只占少数（约 10%），从而降低了供电的可靠性。

③ 误动或拒动

漏电保护器构造复杂、比较容易出故障，漏电保护器（特别是电子式）动作的可靠性受电源电压、环境条件（温度、湿度等）影响较大，而有误动或拒动现象。

4. 漏电保护器和保护接零（地）的比较

漏电保护器和保护接零（地）的保护原理不同。保护接零（地）属于事前预防型措施，即保护接零（地）能将设备漏电现象消灭在萌芽状态，以免人体接触到漏电的设备外壳造成人体触电。而漏电保护器属于后发制人措施，只有人体触电后，并且触电电流达到一定数值时漏电保护器才可能发挥作用。漏电保护器虽然是后发制人，但能迅速将人体触电现象扼杀在萌芽状态。漏电保护器和保护接零（地）各有优缺点，同时采用漏电保护器和保护接零（地）能使二者取长补短、互为备用，而大大提高安全系数，不得用漏电保护器代替保护接零（地）。安装漏电保护器后，不能撤掉低压供电电路和电气设备的接零（地）保护措施。

5. 漏电保护器的主要技术指标

技术指标主要是指额定值，额定值是生产商为了保证电气设备的正常运行而规定的供用户使用中遵守的技术参数。

（1）额定电压 U

正常工作时承受的合适电压值，220V 或 380V。

（2）额定电流 I

正常工作时能承受的最大电流值，优先系列值为 6A，10A，16A，20A，25A，32A，40A，50A，63A，80A，100A，125A，160A，200A。

（3）额定漏电动作电流 I

使漏电保护器必须动作的最小漏电电流，体现了漏电保护器的保护灵敏度，优先系列值为 6mA，10mA，30mA，50mA，100mA，300mA，500mA，1A，3A，5A，10A，

20A。额定漏电动作电流有的是固定的，有的是分级可调或连续可调。

（4）额定漏电动作时间

从发生漏电到保护器动作之间的最长时间。当额定漏电动作电流等于或小于 30mA 时要求小于 0.1s，当额定漏电动作电流大于 30mA 时要求小于 0.2s。

（5）额定漏电不动作电流值

不能造成漏电保护器动作的最大漏电电流，规定为额定漏电动作电流值的 1/2。电气设备正常情况下也有很小的漏电电流，正常漏电电流可能造成漏电保护器的误动。为减少这种误动，提高供电的可靠性，特规定了这一指标。

（6）额定漏电动作延迟时间

优先系列值为 0.2s，0.4s，0.8s，1s，1.5s，2s。额定漏电动作延迟时间有的是固定的，有的分级可调或连续可调。

（7）机械电气寿命

$I_n \leqslant 25A$ 时，操作循环次数为 4000，其中有载操作次数为 2000，无载操作次数为 2000。

$I_n > 25A$ 时，操作循环次数为 3000，其中有载操作次数为 2000，无载操作次数为 1000。

6. 漏电保护器的一般应用

（1）漏电保护器的应用范围

漏电保护器能用于 TN 和 TT 系统，也能用于 IT 系统；能用于三相电路，也能用于单相电路；能用于总保护，如变压器低压侧的总保护，分支电路（包括住宅、学校、宾馆、机关、企业等建筑物内的插座回路）的总保护；也能用于单独保护，如单台设备的保护；还能用于分级保护。

（2）漏电保护器的选型

漏电保护器的选型原则是：一般选用带零序电流互感器的普通电流型漏电保护器；用于单台设备保护或家用的漏电保护器应选用高灵敏度、快速动作型漏电保护器；分级保护漏电保护器的选型下面介绍。

（3）漏电保护器的分级保护

分级保护的目的是缩小事故停电的范围，提高供电的可靠性，即只切断漏电支路的电源，而不切断上一级电源。漏电保护器的分级保护分为两级保护和三级保护，一般为两级保护，如变压器低压侧的总保护和分支电路保护，施工现场总配电箱保护（第一级）和开关箱保护（第二级），开关箱保护又称终端保护。

分级保护的额定漏电动作电流和动作时间应协调配合，第一级的额定漏电动作电流和动作时间应大于第二级，第一级应选用灵敏度较低和延时型漏电保护器，即前后级要有时间级差和电流级差，一般是一个级差，由现场调试确定。

任务实施

1. 学生分组练习各种常用低压电器的使用方法。

2. 设置典型故障，学生分组讨论解决。操作过程中注意安全。

 知识拓展

固态继电器

固态继电器是一种两个接线端为输入端，另两个接线端为输出端的四端器件，中间采用隔离器件实现输入输出的电隔离。

固态继电器按负载电源类型可分为交流型和直流型，按开关型式可分为常开型和常闭型，按隔离型式可分为混合型、变压器隔离型和光电隔离型，以光电隔离型为最多。

任务三　常用低压电器的故障分析与检修

学习知识要点：

1. 熟悉常用低压电器的故障分析方法；
2. 掌握常用低压电器的故障检修方法。

职业技能要点：

1. 能够对常用低压电器中存在的故障正确地分析出原因；
2. 掌握常用低压电器故障的检修方法。

 任务描述

低压电器的主要零部件、铁芯部位或者触点出现故障，都将会使电器工作失常或不能工作。对出现故障的电气设备进行检修，首先要会分析故障可能存在的部位与原因，进而做出正确的检修方案。

任务分析

本任务主要通过对常用低压电器的故障分析和故障检修方法的讲解，要求学生掌握低压电器的故障检查与排除方法，并做出正确的检修方案。通过教师讲解，教师设疑、解疑等环节最终使学生能独立完成低压电器的故障分析与检修。

任务资讯

一、常用低压电器的故障分析

1. 低压电器主要零部件的故障检查与排除

低压电器的主要零部件是指电磁系统、触点系统和灭弧装置中的一些关键性零部件，

它们的故障将使电器工作失常或不能工作。

（1）电磁线圈断路

该故障的现象是通电后该动作的电器不动作。其可能原因是：线圈因长期存放或受潮霉断或在使用中被故障电流烧断。线圈的开路故障可用万用表相应的电阻挡检测，将万用表两支表笔触及线圈两端，若电阻趋近于∞，则线圈中有断路故障存在。拆开线圈检查，如果整个线圈完好只有个别断点，可将其焊牢，处理好绝缘后缠绕还原继续使用。如果断点较多或导线外包绝缘漆因大电流的高热或严重潮湿已有损伤，应用新线重绕或将线圈整体更换。

（2）电磁线圈短路

电磁线圈的短路有匝间短路和对地衔铁不能被吸合或吸合无力并伴有较强烈的振动。造成这种故障的原因可能是：线圈受大电流冲击，发高热损坏了漆包线绝缘层；或因机械损伤导致部分漆包线绝缘层损坏；或因线圈严重受潮，降低绝缘性能，通电时被电源短路。电磁线圈内形成大电流的原因主要是线圈通电时，衔铁不吸合或吸合不紧密，铁芯未形成良好闭合磁路，使线圈交流阻抗减小，电流大，造成线圈过热而损伤绝缘。在这类故障中，造成衔铁不吸合或有吸合不良的原因是动、静铁芯接触面不平整或电源电压过低造成，因此检修应从动、静铁芯的结合面和电源电压等方面入手。如果线圈匝间短路或对地短路的故障点或故障部分很少，其余部分完好，可以排除这些短路点的故障，处理好绝缘后，继续使用。如果短路只有少数几匝，可将坏线圈拆去，有条件时最好用同规格新漆包线补上拆去的匝数。

重绕线圈所用漆包线的规格和匝数，要直接从旧线圈中测得，也可从铭牌或手册上查出。如果没有铭牌或手册中查不到，线圈又严重烧熔或多数烧断，无法清理匝数时，可用下式进行计算：

$$N = \frac{45 \times 10U}{BA}$$

式中，N 为线圈匝数；U 为线圈工作电压；B 为线圈的磁通密度，一般取 $0.8 \sim 1T$；A 为铁芯横截面积。

线圈的匝数确定后，所用导线的直径可用百分尺或游标尺从旧线圈中测得。为减小测量误差，测量前先用微火绕焦绝缘层，再用棉织物勒去炭化层，分别测量几个点，取其平均值。

绕好的线圈，应进行绝缘处理：先在 $105 \sim 110℃$ 的温度下预烘 3h，以驱除潮气，待冷却到 $60 \sim 70℃$ 时，浸满绝缘漆，将多余的漆液滴除后，再在 $110 \sim 120℃$ 的温度下烘透烘干，即可投入使用。

2. 铁芯故障

铁芯故障主要表现在铁芯结合面、短路环以及衔铁、传动机构等方面的故障。

① 动、静铁芯结合面不平整或衔铁歪斜，该故障的现象是铁芯吸合不良，发生较强的振动和噪声。其原因是动、静铁芯吸合时，多次撞击，发生变形和磨损，或铁芯结合面上有锈斑、油污或其他杂物，引起吸合面接触不紧密而振动，同时导致电磁线圈交流阻抗减小，电流增大，使线圈过热甚至烧毁。

排除这类故障时，若是因为铁芯结合面的锈斑、油污或其他杂物，只需清除即可；若铁芯结合面凹凸不平或歪斜不严重，可进行修理校正；若严重变形或歪斜而无法修复时，只有更换。

② 短路环损坏或脱出。有短路环的低压电器工作时，由于动、静铁芯多次吸合撞击，短路环可能发生断裂或从铁芯上脱出，不能减振，使电器的振动和噪声加大。短路环的断裂部位多数发生在铁芯槽外的转角部分和槽口部分，对这种断裂的短路环，可焊牢断口，再用黏合剂粘牢在铁芯上。如果短路环只脱出，可先用钢锯条将铁芯槽壁刮毛，涂上黏合剂，然后将短路环压入铁芯。

③ 机械传动部分的故障。动铁芯或其他传动部分因机械阻力发生阻滞与卡塞、触点压力弹簧弹力过大，使动铁芯吸合受阻，也将造成衔铁吸合不良，增大振动和噪声，检修时应排除传动机械的阻碍因素，调换弹力较小的触点压力弹簧，并通电试验，直至传动部分灵活、动作自如为止。

3. 触点系统故障

触点系统故障主要表现在过热磨损和熔焊等方面。

当有电流通过触点时，由于触点之间接触电阻的存在，触点不可避免地会发热，适当的温升是允许的。若动、静触点之间接触电阻过大，温升超过允许值，严重时使动、静触点熔焊在一起，便成为故障。引起触点过热的原因和排除方法如下：

① 触点压力不足。由于长期使用，多次开合，接触电阻和电弧高温等原因，触点和触点压力弹簧会退火、疲劳、变形、弹性减弱或失去弹性，造成触点压力不足，接触电阻增大，触点温度升高。再则因触点多次开合撞击发生磨损，使厚度变薄，接触部位歪斜，机械强度变差，也会使触点压力不足。

排除该类故障时，首先调整弹簧压力，减小触点间的接触电阻。检查所调整的触点压力是否合适，可将 0.1mm 厚、宽度比触点稍宽的纸条，夹在闭合的动、静触点之间，向上拉动纸条，在正常情况下，对于小容量电器，稍用点力，纸条应能被完整拉出；对较大容量的电器，纸条拉出时应有撕裂现象。若纸条轻易被拉出，说明触点压力太小；若纸条一拉就断，则触点压力过大。

对于触点磨损过度或触点压力弹簧失去弹性的，若调整后仍达不到要求时，应更换触点或弹簧。

② 触点表面接触不良。其原因除触点之间压力不足外，还有触点接触面有氧化层或污物，增大了触点之间的接触电阻。对于银或银的合金制成的触点，氧化层可不必除去，因为银和银的氧化物电阻率相近，何况银的氧化物遇热时还可还原成银。但对铜触点，较厚的氧化膜则应除去。因铜的氧化物电阻率较大，容易引起触点过热。清除这些氧化物膜，可用电工刀或细纹锉刀，但必须保证结合处的平整。如果接触面有油污或尘垢，可用溶剂清洗擦干。

③ 触点表面烧毛。这是分断电路时电弧所造成。烧毛的触点接触面小，接触电阻大，容易使触点过热。检修时，只需用电工刀或细纹锉刀清除毛刺即可。在清除毛刺时要注意不得把接触面修整得过于光滑，这样反而减小触点之间的接触面积，增大接触电阻。还应注意对烧毛接触面的锉刮要适度，如果锉刮过多，会影响使用寿命。打磨触点表面时，一般不用砂纸或砂布，否则在摩擦过程中不可避免地有砂粒嵌进触点表面，会增加接触电阻。

其原因有电磨损和机械磨损两种。电磨损是指由于触点之间电弧的烧蚀，金属气化蒸发使触点耗损；机械磨损是指触点在多次开合中受到撞击，在触点的接触面间产生滑动摩擦所造成的磨损。若触点磨损不太严重，还可勉强使用。若表面出现严重的不平，可用与前述排除触点烧毛故障的相同方法修理。若因磨损使触点厚度减小到原有厚度的 2/3～1/2 时，就应当更换新触点，并先查明触点消耗过快的原因。

动、静触点之间因发生高热使表面熔化，两者焊接在一起且不能分断，称为触点熔焊。产生触点熔焊的原因是在触点闭合时，由于撞击和振动，触点间将不断产生短电弧。其温度高达 3000～6000℃，如果时间稍长，即可把触点烧伤或熔化，并使动、静触点熔焊，导致电路失控。

造成触点熔焊的直接原因有两个：一是电路电流太大，超过触点额定容量 10 倍左右；二是触点压力弹簧严重疲劳或损坏，使触点压力减小，无法分断。若触点容量小，满足不了电路载流量的要求，应更换触点容量大的电器；若电器本身与电路载流量配套正确，是电路本身故障造成电流增大，应设法检修电路和设备，若系触点压力弹簧的故障，则应更换同规格的触点压力弹簧。

灭弧装置的故障现象表现为灭弧性能降低或失去灭弧功能。造成这种故障的可能原因是灭弧罩受潮、碳化或破碎，磁吹线圈局部短路，灭弧角或灭弧栅片脱落等。检查故障时，可贴近电器倾听触点分断时的声音。如有软弱无力的"噗、噗"声，则是灭弧时间延长的现象，可拆开灭弧装置检查。若灭弧罩受潮，可用烘烤驱除潮气；若灭弧罩碳化，轻者可刮除碳化层，严重时应更换灭弧罩；磁吹线圈短路，可按线圈短路故障进行检修；灭弧角或灭弧栅片脱落，可以重新固定；若灭弧栅片烧坏，应更换。

二、常用低压电器的故障与检修

1. 断路器的常见故障与检修

断路器的常见故障有不能合闸、不能分闸、自动掉闸及触点不能同步动作等几种。

① 手动操作的断路器不能合闸。当需要断路器接通送电时，扳动手柄，无法使其稳定在主电路接通的位置上。故障的可能原因是失压脱扣器线圈开路、线圈引线接触不良、储能弹簧变形、损坏或电路无电。检修中，应注意失压脱扣线圈是否正常，脱扣机构是否动作灵活，储能弹簧是否完好无损，电路上有无额定电压。在确定故障点后，根据具体情况进行修理。

② 电动操作的断路器不能合闸。电动操作的断路器常用于大容量电路的控制。导致断路器不能合闸的原因和修理方法是操作电源不合要求，应调整或更换操作电源；电磁铁损坏或行程不够，应修理电磁铁或调整电磁铁拉杆行程；操作电动机损坏或电动机定位开关失灵，应排除操作电动机故障或修理电动机定位开关。

③ 失压脱扣器不能使断路器分闸。当需要断路器分断主电路时，操作失压脱扣器按钮，断路器不动作，仍停留在接通位置。其可能原因是反作用弹簧弹力太大或储能弹簧弹力太小，应调整更换有关弹簧；传动机构卡塞，不能动作，这时应检修传动机构，排除卡塞故障。

④ 启动电动机时自动掉闸。当断路器接通电路后，电动机还在启动时就自动掉闸，

分断了主电路。其主要原因是过载脱扣装置瞬时动作整定电流调得太小,应重新调大。

⑤ 工作一段时间后自动掉闸。这种故障现象是断路器接通电路,电路工作一段时间后,自动掉闸分断主电路而造成电路停电。其主要原因可能是过载脱扣装置延时整定值调得太短,应重调;其次可能是热元件或延时电路元件损坏,应检查更换。

⑥ 机构损坏或失灵,应检查调整该触点的传动机构。

⑦ 触点桥或触点传动机构损坏。

2. 热继电器的常见故障与检修

热继电器的故障现象主要是不动作和误动作。

① 热继电器不动作。该故障现象是电路过载后,热继电器该动作时不动作,失去过载保护作用。其可能原因是电流整定值调得过大,热元件烧断或脱焊,动作机构卡死或板扣脱落。修理时可根据负载容量恰当调整整定电流,检修热元件或动作机构。

② 热继电器误动作。该故障现象是电路未过载,热继电器就自行动作,分断主电路,造成不应有的停电。其可能原因是电流整定值调得过小,热继电器与负载不配套,电动机启动时间过长或连续启动次数太多,电路或负载漏电、短路,热继电器受强烈冲击或振动等。检修时应查明原因,合理调整整定电流或调换与负载配套的热继电器,若是电动机或电路故障,应检修电动机和供电电路。如工作环境振动过大,应配用有防振装置的热继电器。

3. 交流接触器触点不同步、相间短路和通电后不动作等几种故障及检修

① 一相主触点不能闭合。由于一相主触点损坏、接触不良或连接螺钉、卡簧松脱,动作时只有两相主触点闭合送电,造成电动机缺相运行,这样很容易损坏电动机,应立即断电,检修有故障的触点。

② 相间短路。该故障多发生在用两个交流接触器控制电动机作可逆运转的电路上,如果联锁电路有故障,动作失灵或误动作,使两只交流接触器同时吸合,即发生相间短路,如果电路保护装置反应迟钝,故障电流可迅速将触点烧毁、电路烧坏,造成严重后果。另外,如果电动机在正反转中由于切换时间太短,动作过快,也可能使相间拉电弧造成短路。这类故障,可采用在控制电路上加装按钮或辅助触点双重联锁进行保护或选用动作时间长的交流接触器,以延长正反转的切换时间。

③ 通电后不动作。该故障的可能原因是电磁线圈开路或线圈电源接触不良,可按低压电器零部件故障排除方法检修;启动按钮动合触点接触不良,应修理启动按钮;动触点传动机构卡死,转轴生锈或歪斜,应修理传动机构。

空气阻尼式时间继电器常见故障是延时时间自行增长、自行缩短或不能延时。延时时间自行增长的原因是气室不清洁,空气通道不通畅,气流被阻滞,应清洁气室和空气通道;延时时间自行缩短或不能延时,是气室密封不严或活塞漏气所致,应改善气室的密封程度,若活塞漏气应更换。

任务实施

1. 教师设置常用低压电器故障点,学生分组进行低压电器设备的检查。

2. 学生分组讨论完成低压电器的故障检修。

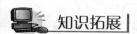 **知识拓展**

交流接触器的接法

① 一般三相接触器一共有 8 个点，三路输入，三路输出，还有是两个控制点。输出和输入是对应的，很容易能看出来。如果要加自锁的话，则还需要从输出点的一个端子将线接到控制点上面。

② 首先应该知道交流接触器的原理。它是用外界电源来加在线圈上，产生电磁场。加电吸合，断电后接触点就断开。知道原理后，应该弄清楚外加电源的接点，也就是线圈的两个接点，一般在接触器的下部，并且各在一边。其他的几路输入和输出一般在上部，一看就知道。还要注意外加电源的电压是多少（220V 或 380V），一般都有标示。同时注意接触点是常闭还是常开。如果有自锁控制，根据原理理一下电路就可以了。

技能训练：交流接触器的识别、拆装与检测

一、目的要求

1. 认识交流接触器，熟悉其工作原理。
2. 熟悉交流接触器的组成和其中零件的作用。
3. 掌握交流接触器的安装方法。
4. 掌握交流接触器的检修与校验的方法。

二、知识要点

交流接触器是一种用于频繁地接通或断开交流主电路、大容量控制电路等大电流电路的自动切换电器。在功能上接触器除能自动切换外，还具有手动开关所缺乏的远距离操作功能和失压（或欠压）保护功能。

三、工具、仪表及器材

1. 工具

测试笔、螺钉旋具、斜口钳、尖嘴钳、剥线钳、电工刀等。

2. 仪表

兆欧表（ZC25—3）、钳形电流表（MG3—1）、5A 电流表（T10—A）、600V 电压表（T10—V）、MF47 型万用表。

3. 器材

控制板一块、调压变压器（TDGC2—10/0.5）一台、交流接触器（CJ10—20）一个，指示灯（220V/25W）3 个，待检交流接触器若干，截面为 1mm² 的铜芯导线（BV）若干。

四、接触器校验值检验电路图

接触器校验值检验电路如图 3-31 所示。

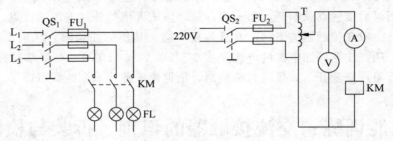

图 3-31 接触器校验值检验电路图

五、接触器的安装练习

1. 安装前操作要求

① 接触器铭牌和线圈技术数据，应符合使用要求。

② 接触器外观检查应无损伤，并且动作灵活，无卡阻现象。

③ 对新购或放置日久的接触器，在安装前要清理铁芯极面上的防锈油脂和污垢。

④ 测量线圈的绝缘电阻，应不低于 15MΩ，并测量线圈的直流电阻。

⑤ 用万用表检查线圈有无断线，并检查辅助触点是否良好。

⑥ 检查和调整触点的开距、超程、初始力、终压力，并要求各触点的动作同步，接触良好。

⑦ 接触器在 85％额定电压时应能正常工作；在失电压或欠压时应能释放，噪声正常。

⑧ 接触器的灭弧罩不应破损或脱落。

2. 安装时操作要求

① 安装时，按规定留有适当的飞弧空间，防止飞弧烧坏相邻元件。

② 接触器的安装多为垂直安装，其倾斜角不应超过 5°，否则会影响接触器的动作特性；安装有散热孔的接触器时，应将散热孔放在上下位置，以降低线圈的温升。

③ 接线时，严禁将零件、杂物掉入电器内部。紧固螺钉应装有弹簧垫圈和平垫圈，将其紧固好，防止松脱。

3．安装后的质量要求

① 灭弧室应完整无缺，并固定牢靠。

② 接线要正确，应在主触点不带电的情况下试操作数次，动作正常后才能投入运行。

六、接触器的运行检查练习

① 接触器通过电流应在额定电流值内。

② 接触器的分、合信号指示，应与电路所处的状态一致。

③ 灭弧室内接触应良好，无放电，灭弧室无松动或损坏现象。

④ 电磁线圈无过热现象，电磁铁上的短路环无松动或损坏现象。

⑤ 导线各个连接点无过热现象。

⑥ 辅助触点无烧蚀现象。

⑦ 铁芯吸合良好，无异常噪声，返回位置正常。

⑧ 绝缘杆无损伤或断裂。

⑨ 周围环境没有不利于接触器正常运行的情况。

七、接触器的解体和调试

交流接触器的外形和结构如图 3-32 所示，其解体和调试操作如下：

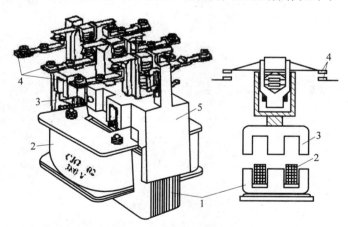

1—静铁芯；2—线圈；3—动铁芯；4—主触点；5—支架

图 3-32 交流接触器的外形和结构

① 松开灭弧罩的固定螺钉，取下灭弧罩，检查，如有碳化层，可用锉刀锉掉，并将内部清理干净。

② 用尖嘴钳拔出主触点及主触点压力弹簧，查看触点的磨损情况。

③ 松开底盖的紧固螺钉，取下盖板。

④ 取出静铁芯、铁皮支架、缓冲弹簧、拔出线圈与接线柱之间的连接线。

⑤ 从静铁芯上取出线圈、反作用弹簧、动铁芯和支架。

⑥ 检查动静铁芯接触是否紧密，短路环是否良好。

⑦ 维护完成后，应将其擦拭干净。

⑧ 按拆卸的逆顺序进行装配。

⑨ 装配后检查接线，正确无误后在主触点不带电的情况下，通断数次，检查动作是否可靠，触点接触是否紧密。

⑩ 接触器吸合后，铁芯不应发出噪声，若铁芯接触不良，则应将铁芯找正，并检查短路环及弹簧松紧适应度。

⑪ 最后应进行数次通断试验，检查动作和接触情况。

项目四

室内照明电路的安装与维修

电气照明在人们的生活中必不可少，不同的场合有不同的照明装置和照明电路。室内布线和照明电器的安装是电工最基础的一项技能。电气照明电路的安装一般包括室内布线、照明灯具安装、配电板安装。

任务一 室 内 布 线

学习知识要点：

1. 掌握绝缘导线的选择方法；
2. 掌握室内布线的要求和步骤；
3. 掌握线管布线的方法和步骤；
4. 掌握绝缘子布线的方法和步骤。

职业技能要点：

1. 掌握室内电路的检查方法；
2. 掌握线管布线的安装技能；
3. 掌握绝缘子布线的安装技能。

 任务描述

室内布线要根据用电器的情况，合理确定布线方案。如布设配电柜（箱）、主电路、分电路、开关及用电器，要做到横平竖直、左零右相、简洁明快、安全可靠、美观经济。室内如何进行布线呢？本任务将重点讲解室内布线的方法。

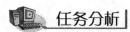 **任务分析**

本任务主要通过对室内电路安装方法的讲解，要求学生掌握线管布线和绝缘子布线的方法和步骤，以及室内电路安装电路的检查方法。通过教师讲解、图片演示和实物展示等环节要求学生熟悉室内布线的安装步骤。

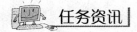 任务资讯

一、导线和熔断器的选择

1. 导线的选择

（1）线芯材料的选择

作为线芯的金属材料，必须同时具备的特点是：电阻率较低；有足够的机械强度；在一般情况下有较好的耐腐蚀性；容易进行各种形式的机械加工，价格较便宜。铜和铝基本符合这些特点，因此，常用铜或铝作导线的线芯。当然，在某些特殊场合，需要用其他金属作导电材料。铜导线的电阻率比铝导线小，焊接性能和机械强度比铝导线好，因此它常用于要求较高的场合。铝导线密度比铜导线小，而且资源丰富，价格较铜低廉。目前铝导线的使用极为普遍。

（2）导线截面的选择

选择导线，一般考虑三个因素：长期工作允许电流、机械强度和电路电压降（电压损失）。

1）根据长期工作允许电流选择导线截面

由于导线存在电阻，当电流通过导线电阻时会发热，如果导线发热超过一定限度时，其绝缘物会老化、损坏，甚至发生电火灾。所以，根据导线敷设方式不同、环境温度不同，导线允许的载流量也不同。通常把允许通过的最大电流值称为安全载流量。在选择导线时，可依据用电负荷，参照导线的规格型号及敷设方式来选择导线截面，表 4-1 是一般用电设备负载电流计算表。

表 4-1　一般用电设备负载电流计算表

负载类型	功率因数	计 算 公 式	每 kW 电流量/A
电灯、电阻	1	单相：$I_P = P/U_P$	4.5
		三相：$I_L = P/\sqrt{3}U_L$	1.5
荧光灯	0.5	单相：$I_P = P/(U_P \times 0.5)$	9
		三相：$I_L = P/(\sqrt{3}U_L \times 0.5)$	3
单相电动机	0.75	$I_P = P/[U_P \times 0.75 \times 0.75（效率）]$	8
三相电动机	0.85	$I_L = P/[\sqrt{3}U_L \times 0.85 \times 0.85（效率）]$	2

注：公式中，I_P、U_P 分别为相电流、相电压；I_L、U_L 分别为线电流、线电压。

2）根据机械强度选择导线

导线安装后和运行中，要受到外力的影响。导线本身自重和不同的敷设方式使导线受到不同的张力，如果导线不能承受张力作用，会造成断线事故。在选择导线时必须考虑导线截面。

3）根据电压损失选择导线截面

① 住宅用户，由变压器低压侧至电路末端，电压损失应小于 6%。

② 电动机在正常情况下，电动机端电压与其额定电压不得相差±5%。

按照以上条件选择导线截面的结果，在同样负载电流下可能得出不同截面数据。此时，应选择其中最大的截面。

2. 熔断器的选择

（1）熔断器的结构和工作原理

熔断器的结构一般分成熔体座和熔体等部分。熔断器是串联连接在被保护电路中的，当电路电流超过一定值时，熔体因发热而熔断，使电路被切断，从而起到保护作用。熔体的热量与通过熔体电流的平方及持续通电时间成正比，当电路短路时，电流很大，熔体急剧升温，立即熔断，当电路中电流值等于熔体额定电流时，熔体不会熔断。所以熔断器可用于短路保护。由于熔体在用电设备过载时所通过的过载电流能积累热量，当用电设备连续过载一定时间后熔体积累的热量也能使其熔断，所以熔断器也可用于过载保护。

（2）熔断器的分类

熔断器主要分为瓷插式、螺旋式、管式、盒式和羊角熔断器等多种形式。常用的几种熔断器如图 4-1 所示。

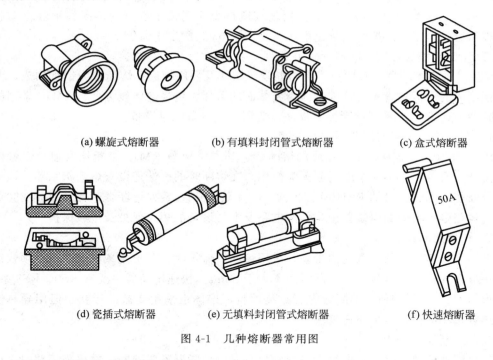

(a) 螺旋式熔断器　　　(b) 有填料封闭管式熔断器　　　(c) 盒式熔断器

(d) 瓷插式熔断器　　　(e) 无填料封闭管式熔断器　　　(f) 快速熔断器

图 4-1　几种熔断器常用图

一般地，熔断器型号及含义如下：

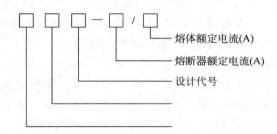

熔体额定电流(A)

熔断器额定电流(A)

设计代号

在型号中，C—瓷插式；L—螺旋式；M—无填料密封管；T—有填料密封管；S—快速式；Z—自复式；R—熔断器。

如型号 RCIA—15/10 表示：熔断器，瓷插式，设计代号为 IA，熔断器额定电流 15A，熔体额定电流 10A。

（3）常用熔断器的特点及用途

1）瓷插式熔断器 RC1A 系列

RC1A 系列熔断器结构简单，由熔断器瓷底座和瓷盖两部分组成。熔丝用螺钉固定在瓷盖内的铜闸片上，使用时将瓷盖插入底座，拔下瓷盖便可更换熔丝。由于该熔断器使用方便、价格低廉而应用广泛。RC1A 系列熔断器主要用于交流 380V 及以下的电路末端作电路和用电设备的短路保护，在照明电路中还可起过载保护作用。RC1A 系列熔断器额定电流为 5～200A，但极限分断能力较差，由于该熔断器为半封闭结构，熔丝熔断时有声光现象，对易燃易爆的工作场合应禁止使用。

2）螺旋式熔断器 RL1 系列

RL1 系列螺旋式熔断器由瓷帽、瓷套、熔管和底座等组成。熔管内装有石英沙、熔丝和带小红点的熔断指示器。当从瓷帽玻璃窗口观测到带小红点的熔断指示器自动脱落时，表示熔丝熔断了。熔管的额定电压为交流 500V，额定电流为 2～200A。

3）无填料密封管式熔断器 RM10 系列

RM10 系列熔断器比较简单，由熔断管、熔体及插座组成。熔断管为钢纸制成，两端为黄铜制成的可拆式管帽，管内熔体为变截面的熔片，更换熔体较方便。RM10 系列的极限分断能力比 RC1A 系列熔断器有提高，适用于小容量配电设备。

4）有填料密封管式熔断器 RT0 系列

RT0 系列熔断器有一个白瓷质的熔断管，基本结构与 RM10 熔断器类似，但管内充填石英沙，石英沙在熔体熔断时起灭弧作用，在熔断管的一端还设有熔断指示器。该熔断器的分断能力比同容量的 RM10 系列大 2.5～4 倍。RT0 系列熔断器适用于交流 380V 及以下、短路电流大的配电装置中，作为电路及电气设备的短路保护及过载保护。

5）快速熔断器

电力半导体器件的过载能力很差，采用熔断器保护时，要求过载或短路时必须快速熔断，一般在 6 倍额定电流时，熔断时间不大于 20ms。快速熔断器主要有 RS0、RS3 系列，其外形与 RT0 系列相似，熔断管内有石英填料，熔体也采用变截面形状，但用导热性能强、热容量小的银片，熔化速度快。

（4）熔断器的选用

对熔断器的要求是：在电气设备正常运行时，熔断器不应熔断；在出现短路时，应立即熔断；在电流发生正常变动（如电动机启动过程）时，熔断器不应熔断；在用电设备持续过载时，应延时熔断。对熔断器的选用主要包括类型选择和熔体额定电流的确定。

① 熔断器的额定电压要大于或等于电路的额定电压。

② 熔断器的额定电流要依据负载情况而选择。

a. 电阻性负载或照明电路。这类负载启动过程很短，运行电流较平稳，一般按负载额定电流的 1～1.1 倍选用熔体的额定电流，进而选定熔断器的额定电流。

b. 电动机等感性负载。这类负载的启动电流为额定电流的 4～7 倍，一般选择熔体的额定电流为电动机额定电流的 1.5～2.5 倍。一般来说，熔断器难以起到过载保护作用，而只能用作短路保护，过载保护用热继电器。

c. 硅整流装置。一般选用快速熔断器进行保护，要根据熔断器在电路中的位置（如交流侧还是直流侧）及电路型式（半波或全波整流，单相或三相桥式等）选用熔断器。

③ 注意事项。

a. 熔断器极限分断电流应大于电路可能出现的最大故障电流。在多级保护的场合，上级熔断器的额定电流等级以大于下级熔断器的额定电流等级两级为宜。

b. 熔体的额定电流不得超过熔断器的额定电流。

c. 熔体熔断后，应分析原因，排除故障后，再更换新的熔体。在更换新的熔体时，不能轻易改变熔体的规格，更不准随便使用铜丝或铁丝代替熔体。

d. 必须在不带电的条件下更换熔体。管式熔断器的熔体应用专用的绝缘插拔器进行更换。

二、室内布线的要求与步骤

室内布线包括照明电路布线和动力电路布线。按布线方式分为明线（明敷）布线和暗线（暗敷）布线两种；按导线类型分为电线布线和电缆布线两种。

常用的室内布线有瓷（塑料）夹板布线、瓷瓶布线、槽板布线、铅皮（塑料）卡布线、钢（PVC 管）布线、灰层布线、电缆桥架布线和缆沟布线等方式。

（1）室内布线的要求

① 室内布线合理、安装牢固，整齐美观，用电安全可靠。

② 使用导线的额定电压应大于电路工作电压，绝缘应符合电路的安装方式要求和敷设环境，截面积应能满足供电和机械强度的要求。

③ 布线时应尽量避免导线有接头，必须有接头时，应采用压接或焊接。导线连接和分支处不应受到机械力的作用。穿在管内的导线不允许有接头，必要时把接头放在接线盒或灯头盒内。

④ 明线是指导线沿墙壁、天花板、柱子等明敷。暗线是指导线穿管埋没在墙内、地内或装设在顶棚内，室内敷设暗线，都必须穿 PVC 管加以保护。

⑤ 室内敷设明导线距地面不低于 2.5m，垂直敷设距地面不低于 1.8m，否则应将导线穿在钢管内加以保护。

⑥ 导线与用电器连接接头要符合技术要求，以防接触电阻过大，甚至脱落。

⑦ 敷设导线要尽量避开热源，避开人体容易接触到的地方。

⑧ 配线的位置要便于检修。

（2）室内布线的步骤

① 按施工图确定配电箱、用电器、插座和开关等的位置。

② 根据电路电流的大小选购导线、穿线管、支架和紧固件等。

③ 确定导线敷设的路径、穿过墙壁或楼板等的位置。

④ 打好布线固定点的孔眼，预埋线管、接线盒和木砖等预埋件，暗线要预埋开关盒、接线盆和插座盒等。

⑤ 装好绝缘支架物、线夹或管子。

⑥ 敷设导线。

⑦ 做好导线的连接、分支、封端和设备的连接。

⑧ 通电试验，全面检查、验收。

三、线管配线

把绝缘导线穿在管内的配线称为线管配线。线管配线有耐潮耐腐蚀、导线不易受到机械损伤等优点，但安装、维修不方便，适用于室内外照明和动力电路的配线。

1. 线管配线的方法

（1）线管的选择

① 根据使用场所选择线管的类型，对于潮湿和有腐蚀气体的场所选择管壁较厚的白铁管；对于干燥场所采用管壁较薄的电线管；对于腐蚀性较大的场所一般选用硬塑料管。

② 根据穿管导线的截面和根数来选择线管的直径。一般要求穿管导线的总截面（包括绝缘层）不应超过线管内径截面的 40%。

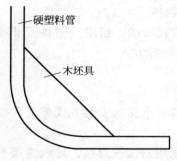

图 4-2　硬塑料管的弯曲

（2）线管的敷设

根据用电设备位置设计好电路的走向，尽量减少弯头。用弯管机制作弯头时，管子弯曲角度一般不应小于 90°，要有明显的圆弧，不能弯瘪线管，这样便于导线穿越。硬塑料管弯曲时，先将硬塑料管用电炉或喷灯加热直到塑料管变软，然后放到木坯具上弯曲，用湿布冷却后成型，如图 4-2 所示。线管的连接：对于钢管与钢管的连接采用管箍连接，如图 4-3（b）所示，管子的丝扣部分应顺螺纹方向缠上麻丝后用管钳拧紧；钢管与接线盒的连接用锁紧螺母夹紧，如图 4-3（a）所示；塑料硬管之间的连接采用插入法和套接法连接，如图 4-4 所示，在连接处需涂上黏接剂。

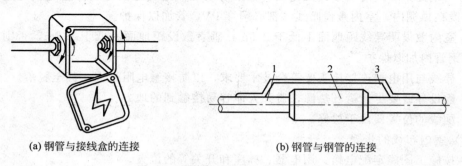

(a) 钢管与接线盒的连接　　　　　　　(b) 钢管与钢管的连接

图 4-3　钢管与接线盒、钢管的连接

（3）固定线管

线管的固定线管明敷设时，采用管卡支持；当线管进入开关、灯头、插座、接线盒前 300mm 处及线管弯头两边需用管卡固定。线管暗线敷设时，用铁丝将管子绑扎在钢筋上

图 4-4　塑料硬管之间的连接

或用钉子钉在模板上，将管子用垫块垫高，使管子与模板之间保持一定距离。

（4）接地线管

线管的接地线管配线的钢管必须可靠接地。

（5）扫管穿线

① 先将管内杂物和水分清除。

② 选用 $\phi 1.2mm$ 的钢丝作引线，钢丝一头弯成小圆圈，送入线管的一端，由线管另一端穿出。在两端管口加护圈保护并防止杂物进入管内。

③ 按线管长度加上两端连接所需长度余量截取导线，削去导线绝缘层，将所有穿管导线的线头与钢丝引线缠绕。同一根导线的两头做上记号。穿线时由一人将导线理成平行束向线管内送，另一人在线管的另一端慢慢抽拉钢丝，将导线穿入线管。

2. 线管配线的注意事项

① 穿管导线的绝缘强度应不低于 500V，导线最小截面规定铜芯线为 $1mm^2$，铝芯线为 $2.5mm^2$。

② 线管内导线不准有接头，也不准穿入绝缘破损后经包缠恢复绝缘的导线。

③ 交流回路中不许将单根导线单独穿于钢管，以免产生涡流发热。同一交流回路中的导线，必须穿于同一钢管内。

④ 线管电路应尽可能减少转角或弯曲。管口、管子连接处均应做密封处理，防止灰尘和水汽进入管内，明管管口应装防水弯头。

⑤ 管内导线一般不得超过 10 根，不同电压或不同电能表的导线不得穿在一根线管内。但一台电动机包括控制和信号回路的所有导线，及同一台设备的多台电动机的电路，允许穿在同一根线管内。

四、绝缘子配线

绝缘子配线也称瓷瓶配线，是利用绝缘子支持导线的一种配线，用于明配线。绝缘子较高，机械强度大，适用于用电量较大而又较潮湿的场合。绝缘子一般有鼓形绝缘子，常用以截面较细导线的配线；有蝶形绝缘子、针式绝缘子和悬式绝缘子，常用以截面较粗的导线配线。

（1）绝缘子配线的方法

① 定位。定位工作在土建未抹灰前进行。根据施工图确定电器的安装地点、导线的敷设位置和绝缘子的安装位置。

② 画线。画线可用粉线袋或边缘有尺寸的木板条进行。在需固定绝缘子处画一个"×"号，固定点间距主要考虑绝缘子的承载能力和两个固定点之间导线下垂的情况。

③凿眼。按画线定位进行凿眼。

④安装木榫或埋设缠有铁丝的木螺钉。

⑤埋设穿墙瓷管或过楼板钢管。此项工作最好在土建时预埋。

⑥固定绝缘子在木结构墙上只能固定鼓形绝缘子，可用木螺丝直接拧入。在砖墙上或混凝土墙上，可利用预埋的木榫和木螺钉固定鼓形绝缘子；也可用环氧树脂黏接剂来固定鼓形绝缘子，也有用预埋的支架和螺栓来固定绝缘子。

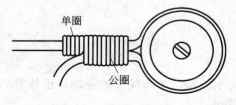

图 4-5　终端导线的绑扎

⑦敷设导线及导线的绑扎应先将导线校直，将一端的导线绑扎在绝缘子的颈部，然后在导线的另一端将导线收紧，绑扎固定，最后绑扎固定中间导线。方法如下：

a. 终端导线的绑扎。用回头线绑扎，如图 4-5 所示。绑扎线应用绝缘线，绑扎线的线径和绑扎圈数见表 4-2。

表 4-2　绑扎线的线径和绑扎圈数

导线截面/mm²	绑扎线直径/mm		绑线圈数	
	铜芯线	铝芯线	公圈数	单圈数
1.5～10	1.0	2.0	10	5
10～35	1.4	2.0	12	5
50～70	2.0	2.6	16	5
95～120	2.6	3.0	20	5

b. 直线段导线的绑扎。一般采用单绑法和双绑法两种，截面在 6mm² 及以下的导线可采用单绑法，截面在 10mm² 及以上的导线可采用双绑法，如图 4-6 所示。

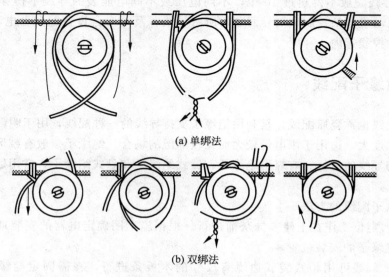

(a) 单绑法

(b) 双绑法

图 4-6　直线段导线的绑扎

（2）绝缘子配线注意事项

① 平行的两根导线，应在两个绝缘子的同一侧或者在两绝缘子的外侧。严禁将导线置于两绝缘子的内侧。

② 导线在同一平面内，如遇弯曲时，绝缘子须装设在导线的曲折角内侧。

③ 导线不在同一平面上曲折时，在凸角的两个面上，应设两个绝缘子。

④ 在建筑物的侧面或斜面配线时，必须将导线绑在绝缘子的上方。

⑤ 导线分支时，在分支点处要设置绝缘子，以支持导线。

⑥ 导线相互交叉时，应在距建筑物近的导线上套绝缘保护管。

⑦ 绝缘子沿墙垂直排列敷设时，导线弧度不得大于 5mm；沿水平支架敷设时，导线弧度不得大于 10mm。

五、塑料护套线配线

塑料护套线是具有塑料保护层的双芯或多芯绝缘导线。这种导线具有防潮性能良好、安全可靠、安装方便等优点。可以直接敷设在墙体表面，用铝片线卡（俗称钢精扎头）作为导线的支持物，在小容量电路中被广泛采用。

（1）塑料护套线的配线方法

① 画线定位。先确定电器安装位置和电路走向，用弹线袋画线，每隔 150～300mm 画出铝片线卡的位置，距开关、插座、灯具、木台 50mm 处要设置线卡的固定点。

② 固定。铝片线卡在木结构和抹灰浆墙上画有线卡位置处用小铁钉直接将铝片线卡钉牢，但对于抹灰浆墙每隔 4～5 个线卡位置或转角处及进木台前须凿眼安装木榫，将线卡钉在木榫上。对砖墙或混凝土墙可用木榫或环氧树脂黏接剂固定线卡。

③ 敷设。导线护套线应敷设得横平竖直，不松弛，不扭曲，不可损坏护套层。将护套线依次夹入铝片线夹。

④ 铝片线卡的夹持如图 4-7 所示，将铝片线卡收紧夹持护套线。

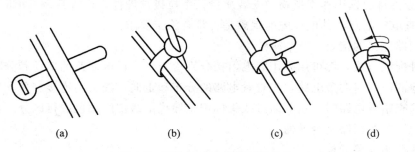

（a）　　　　　　（b）　　　　　　（c）　　　　　　（d）

图 4-7　铝片线夹夹持护套线操作

（2）塑料护套线配线的注意事项

① 塑料护套线不得直接埋入抹灰层内暗配敷设。

② 室内使用塑料护套线配线，规定其铜芯截面不得小于 0.5mm^2，铝芯截面不得小于 1.5mm^2。室外使用，其铜芯截面不得小于 1.0mm^2，铝芯截面不得小于 2.5mm^2。

③ 塑料护套线不能在电路上直接剖开连接，应通过接线盒或瓷接头，或借用插座、

开关的接线桩来连接线头。

④ 护套线转弯时，转弯前后各用一个铝片线卡夹住，转弯角度要大，如图 4-8（a）所示。

⑤ 两根护套线相互交叉时，交叉处要用四个铝片线卡夹住，如图 4-8（b）所示。护套线尽量避免交叉。

⑥ 护套线穿越墙或楼板及离地面距离小于 0.15m 的一般护套线应加电线管保护，如图 4-8（c）所示。

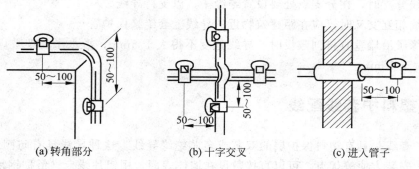

(a) 转角部分　　　　　(b) 十字交叉　　　　　(c) 进入管子

图 4-8　铝片线卡的安装

六、安装电路的检查

电路安装完毕，在通电运行前，必须进行全面、细致的检查。一旦发现故障，应立即检修。

1. 电路安装的检查

（1）外观检查

① 检查导线及其他电气材料的型号、规格及支持件的选用是否符合施工图的设计要求。

② 检查器材的选用和支持物的安装质量；手拉拔预埋件，检查其是否牢固。

③ 检查电气电路与其他设施的距离是否符合施工要求。

（2）回路连接的检查

对各种配线方式，都可用万用表电阻挡分别检查各个供电回路的接通和分断状况。在用万用表检测前，对明敷电路，先查看电路的分布和走向，线头的连接、分支等是否与图标相符。检查暗敷电路时，主要通过线头标记、导线绝缘皮的颜色进行区分。最后用万用表电阻挡检测各个回路是否导通。

（3）线头绝缘层的检查

各线头均应包缠绝缘层，且绝缘性能应良好，有一定的机械强度。

（4）绝缘电阻的检查

电路和设备绝缘电阻的测量通常用兆欧表检测。

测量电路的绝缘电阻时，在单相供电电路中应测量相线与零线、相线与保护接地线接地的绝缘电阻。在三相四线制电路中，分别测量接入用电设备前每两根导线间绝缘电阻和每根导线的对地绝缘电阻，在低压电路中，其阻值应不低于 0.5MΩ。注意：测量前，断开所有用电器具，再将兆欧表接入电路进行测量。

2．电路的检修

（1）停电检修措施

低压电路的检修一般应停电进行，停电检修可以消除检修人员的触电危险。

停电检修的安全要求如下：

① 停电时应切断可能输入被检修电路或设备的所有电源，而且应有明确的分断点，并挂上"有人操作，禁止合闸"的警告牌。如果分断点是熔断器的熔体，最好取下带走。

② 检修前必须用验电器复查被检修电路，证明确实无电时，才能开始动手检修。

③ 如果被检修电路比较复杂，为了防止意外的电源输入，应在检修点附近安装临时接地线，将所有相线互相短路后再接地，人为造成相间短路或对地短路。这样，在检修中万一有电送入，也会使总开关跳闸或熔断器熔断，可避免操作人员触电。

（2）恢复送电的步骤

① 电路或设备检修完毕，应全面检查是否有遗漏和检修不合要求的地方，包括该拆换的导线和元器件、应排除的故障点、应恢复的绝缘层等是否全部无误地进行了处理，有无工具、器材遗留在电路和设备上，工作人员是否全部撤离现场。

② 拆除检修前安装的用作保护的临时接地线和各相临时对地短路线或相间短路线，取下警示牌，才能向修复的电路或设备供电。

（3）带电作业安全规程

① 带电作业人员必须与大地保持良好绝缘。在检修现场，检修人员脚下应垫上干燥木板、塑料板或橡胶垫。

② 必须单线操作，严禁人体同时接触两个带电体。如果操作现场有两相及以上的带电体，应采用绝缘或遮挡措施。在带电接线时，应先完成一个线头的连接并处理好绝缘后，再剥削第 2 个线头绝缘层。

③ 剪断带电导线时，不得同时剪切两根及以上的电线，只能一次剪断一根，而且应先断相线，后断零线。

④ 检修用电设备时，应分断供电电路，不使该设备带电；检修供电电路时，应分断用电设备，不使被检修的供电系统形成回路。

（4）带电作业安全措施

① 带电作业所使用的工具，特别是通用电工工具，应选用有绝缘柄或包有绝缘层的。

② 操作前应理清电路的布局，正确区分出相线、零线和保护接地线，理清主回路、二次回路、照明回路及动力回路等。

③ 对作业现场可能接触的带电体相接地导体，应采取相应的绝缘措施或遮挡隔离。操作人员必须穿长袖衣和长裤、绝缘鞋，戴工作帽和绝缘手套，并扎紧袖口和裤管。

④ 应安排有实际经验的电工负责现场监护，不得在无人监护的情况下，个人独立带电操作。

（5）电路的日常维护

① 定期检查各用电设备状况：检查用电设备结构是否完整，外壳有无破损，控制是否正常、准确，运行情况和温升是否符合规定，有无受潮、受热、受腐蚀性物质侵蚀。

② 定期检查电路负荷：检查是否有未经批准随意改动电路、增加或拆去用电设备、擅自增大熔体等现象，检查建筑物、设备金属外壳是否带电，测量电路负荷电流是否超过允许值等，判断电路是否工作正常。

③ 定期检查电路接头：检查电路接头是否氧化、松动或松脱，绝缘是否损坏，接头是否发热，有时对接地点和接地引线容易忽视，应特别注意。

④ 定期检查电路、设备的紧固件和支持件：检查是否牢固，有无松动、脱落、受潮、腐朽、严重锈蚀等，电路的有关安全间隔是否发生变化，电路和设备的紧固状况是否改变等。

⑤ 定期检查配线管线、绝缘子和槽板：检查有无损坏、锈蚀，管道接头、接地线有无松脱、松动、断裂，配电箱（板）是否清洁，有无水和其他异物侵入。

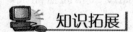 **任务实施**

1. 学生分组练习线管布线。
2. 学生分组练习绝缘子布线。
3. 学生分组进行安装电路的检查。

知识拓展

绝缘子检测问题

瓷绝缘子由于瓷件与钢帽、水泥黏合剂之间的温度膨胀系数相差较大，运行中瓷绝缘子在冷热变化时，瓷件会承受较大的压力和剪应力，导致瓷件开裂；而且瓷绝缘子的瓷件存在剥釉、剥砂、膨胀系数大等问题，受外力作用时，会产生有害应力引起裂纹扩展。瓷绝缘子的劣化表现为头部隐形的"零值"和"低值"，对零值或低值瓷绝缘子，必须登杆进行逐片检测，每年需花费大量的人力和物力。由于检测零值和劣质的准确度不高，即使每年检测一次，也会有相当数量的漏检低值绝缘子仍在电路上运行，导致电路的绝缘水平降低，使电路存在着因雷击、污秽闪络引起掉串的隐患。玻璃绝缘子有缺陷时伞裙会自爆，只要坚持周期性的巡检，就能及时发现和更换。复合绝缘子的在线检测在目前还缺乏适当的检测装置及方法，在国内外都是一个正在研究的课题。由于复合绝缘子是棒型结构，一旦失效，对电路的影响将大于由多个绝缘子组成的绝缘子串。

任务二　室内照明装置的安装

学习知识要点：

1. 了解常用照明灯具、开关和插座的种类；
2. 掌握照明电器基本知识；
3. 掌握荧光灯照明电路的安装方法；

4. 掌握插座的安装方法；

5. 掌握照明配电板电路的安装方法。

职业技能要点：

1. 能准确安装荧光灯照明电路；

2. 能正确安装照明配电板电路。

 任务描述

灯具是人们从事生产和生活所需要的照明器具，目前人们常用的灯具主要有白炽灯、荧光灯、卤钨灯、高压汞灯、高压钠灯等。室内照明装置是如何安装的呢？本任务将重点讲解室内照明装置的安装方法。

任务分析

本任务主要通过对荧光灯照明电路安装的介绍，要求学生掌握常用照明灯具、开关及插座的安装原则和要求，以及各种照明灯具的安装方法和具体步骤。

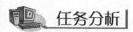 任务资讯

一、常用照明灯具、开关与插座

1. 灯具

（1）灯泡

灯泡由灯丝、玻壳和灯头 3 部分组成。灯泡的灯丝一般都是用钨丝制成，当钨丝通过电流时，就被点燃至白炽状态而发光。灯泡的外壳一般用透叫的玻璃制成，但也有用各种不同颜色的玻璃制成的彩灯。灯泡的灯头有插口式和螺口式两种。灯泡功率超过 300W，一般采用螺口式灯头。功率在 40W 以下的灯泡玻璃壳内是抽真空的。40W 以上灯泡玻璃壳内充有氮气或氖气等惰性气体，使钨不易挥发。

白炽灯灯泡的规格很多，按工作电压来分有 6V、12V、36V、110V、220V 等，其中36V 以下的属低压安全灯泡。

在使用前特别要注意灯泡的工作电压与电路电压必须一致。

（2）灯座

灯座又称灯头，品种较多，常用的灯座如图 4-9 所示。

（3）开关

开关的品种很多，常用的开关如图 4-10 所示。

（4）荧光灯

荧光灯又称日光灯，它由焚光灯管、启辉器、镇流器、灯架和灯座等组成。

① 灯管：由玻璃管、灯丝和灯丝引出脚等组成。玻璃管内抽成真空后充入少量汞

(a) 插口吊灯座　　　　　(b) 插口平灯座　　　　　(c) 螺口吊灯座

(d) 螺口吊灯座　　　　　(e) 防水螺口吊灯座　　　　(f) 防水螺口平灯座

图 4-9　常用灯座外形

图 4-10　常用开关外形

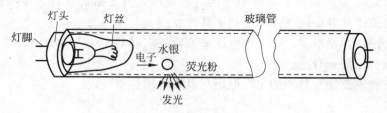

图 4-11　日光灯管

（水银）和氩等惰性气体，管壁涂有荧光粉，在灯丝上涂有氧化物，如图 4-11 所示。灯管常用的 6W、8W、12W、15W、20W、30W 和 40W 等规格。

　　② 启辉器：又称启动器，由氖泡、纸介电容、引线脚和铝制外壳等组成，如图 4-12所示。氖泡内装有一个双金属片制成的 U 形动片和一个固定的静触片。启辉器的规格有4～8W，15～20W 和 30～40W 及通用型 4～40W 等。

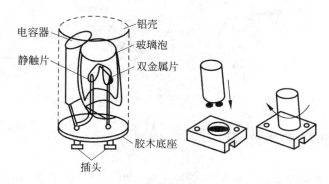

图 4-12　启辉器

③ 镇流器：主要由铁芯和线圈等组成，其外形和结构如图 4-13 所示，镇流器的功率必须与灯管的功率相符，配套使用。

④ 灯架：有木制和铁制两种，规格应配合灯管长度使用。

⑤ 灯座：灯座有开启式和插入式两种，如图 4-14 所示。

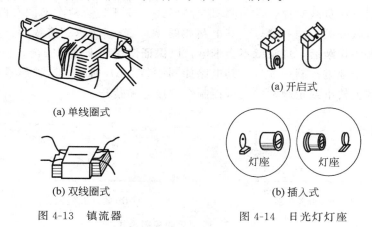

(a) 单线圈式

(a) 开启式

(b) 双线圈式

图 4-13　镇流器

(b) 插入式

图 4-14　日光灯灯座

2. 插座

插座主要有单相两极、三极和三相四极 3 种类型，如图 4-15 所示，电流有 5A、10A、15A 等规格。插座的接线方法如图 4-16 所示。插座中接地的接线极必须与接地线连接，不可借用中性线柱头作为接地线。

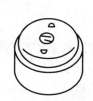

(a) 圆扁通用双极插座

(b) 扁式单相插座

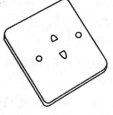

(c) 暗式圆扁通用双极插座

(d) 圆式三相四极插座

图 4-15　插座

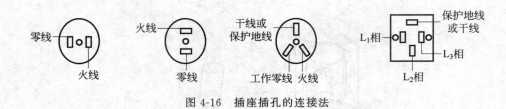

图 4-16　插座插孔的连接法

二、照明电器基本知识

利用一定的装置和设备，将电能转变为光能，为人们提供了必不可少的工作和生活照明，安装照明电器是电工的一项基本技能。要正确地安装照明电器，必须掌握一些照明电器的基本知识。

（1）照明控制电路

照明控制电路一般由电源、导线、开关和照明灯组成。电源由低压照明配电箱提供，在采用三相四线制供电的系统中，每一根相线和中线之间都构成一个单相电源，在负载分配时要尽量做到三相负载对称。常用照明控制形式，按开关的种类不同有两种基本形式，一种是用一只单联开关控制一盏灯，其电路如图 4-17（a）所示。接线时，开关应接在相线上，这样在开关切断后，灯头就不会带电，以保证使用和维修的安全。另一种是用两只双联开关，在两个地方控制一盏灯，其电路如图 4-17（b）所示。这种形式通常用于楼梯或走廊上，在楼上楼下或走廊两端均可控制灯的接通和断开。

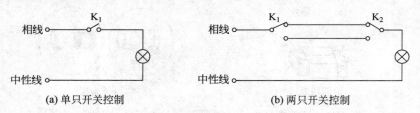

(a) 单只开关控制　　　　　　　　　(b) 两只开关控制

图 4-17　常用照明控制形式

（2）照明导线的选择

照明电路所用连接导线的选择，除了选择绝缘材料外，还要注意其安全载流星，它是以允许电流密度作为选择依据的。在明敷电路中，铝导线可取 $4.5A/mm^2$，钢导线可取 $6A/mm^2$，软电线可取 $5A/mm^2$。

（3）灯具的安装形式

灯具的安装要遵守电工施工有关规定，通常的安装形式有悬挂式（悬吊式）、吸顶式、壁挂式和嵌入式，如图 4-18 所示。

（4）照明装置的安装规程

① 在特别潮湿、有腐蚀性气体的场所以及易燃、易爆的场所，应分别采用合适的防潮、防爆、防雨的灯具和外关。

② 吊灯应装有挂线盒，每一只挂线盒只可装一盏灯（多管日光灯和特殊灯具除外）。吊线的绝缘必须良好，并不得有接头。在挂线盒内的接线应防止接头处受力断开使灯具跌落。超过 1kg 的灯具须用金属链条吊装或用其他方法支持，使吊灯导线不受力。

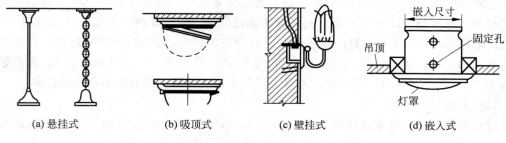

| (a) 悬挂式 | (b) 吸顶式 | (c) 壁挂式 | (d) 嵌入式 |

图 4-18 灯具的安装形式

③ 螺丝灯头必须采用安全灯头，并且必须把相线接在螺丝灯头座的中心铜片上。

④ 各种吊灯离地面距离不应低于 2m，潮湿危险的场所和户外应不低于 2.5m、低于 2.5m 的灯具外壳应妥善接地，最好使用 12～36V 的安全电压。

⑤ 各种照明开关必须串接在相线上，开关和插座离地高度一般不低于 1.3m，特殊情况，插座可以装低，但离地不应低于 150mm。幼儿园、托儿所等处不应装设低位插座，插座高度在 1.2m 以上。

三、荧光灯照明电路的安装

（1）荧光灯的工作原理与电路

与普通光源相比，在同等的光通量情况下，荧光灯只消耗约 75％ 的电功率。图 4-19 为某荧光灯的电子镇流器电路。该电路采用 SIPMOS 晶体管，工作在约 120kHz 自由振荡状态下。

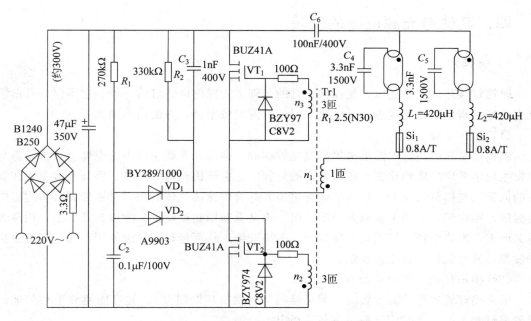

图 4-19 某荧光灯的电子镇流器电路

电阻 R_1 和电容 C_2 与双向触发管 VD_2 一起构成锯齿波信号发生器，其频率与输入电压密切相关。只有当 VD_2 触发导通，晶体管才流过电流。振荡电路主要由 C_4、C_5 和 L_1、L_3 组成。电感 L_1 和 L_2 约 $420\mu H$，由它们决定灯管电流的大小。对于 50W 灯管，有效值电流约 0.45A。在额定运行时，即电源电压 220V 和工作频率 $f = 120\text{kHz}$ 时可以在点燃电压为 113V（电压有效值）时调整此电流。灯管电流和灯管点燃电压不存在相位移。

（2）荧光灯的安装

带启辉器的荧光灯安装接线如图 4-20（a）所示，电子镇流器的荧光灯安装接线如图 4-20（b）所示。

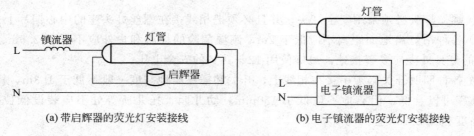

(a) 带启辉器的荧光灯安装接线　　　　(b) 电子镇流器的荧光灯安装接线

图 4-20　荧光灯的安装接线

① 启辉器座上的两个接线桩分别与两个灯座中的每一个接线桩连接。

② 一个灯座中余下的一个接线桩与电源的中性线连接，另一个灯座中余下的一个接线桩与电子镇流器的一个线头连接。

③ 电子镇流器左面的一个线头与零线连接，另一个线头与从开关来的电源中相线连接。

四、其他电光源电路的安装

1. 碘钨灯

碘钨灯属热体发光光源，是在白炽灯的基础上发展的卤钨灯的一种。它不仅具有白炽灯光色好、辨色率高的优点，又克服了白炽灯发光效率低、寿命短等缺点。

（1）工作原理

碘钨灯是靠提高灯丝温度来提高发光效率的。卤族元素碘在适当的温度下，很容易与钨发生化学反应生成碘化钨。在碘钨灯的灯管中，由于钨丝通电发热，钨分子蒸发，在管壁的低温区与碘蒸汽化合；生成的碘化钨随着灯管内冷热气体对流，又被带到灯丝附近的高温区，碘化钨在高温下被分解成碘和钨，钨又重新回到灯丝上。所以在灯丝上，钨蒸发后又回来，形成循环，使钨丝消耗减小，不易变细，从而延长了灯管使用寿命，灯管也很少发黑，发光强度一直比较稳定。

（2）碘钨灯的安装要求及方法

因碘钨灯管的管壁温度较高（满足碘钨化合物反应的需要），并且能使分子均匀地回到整根灯丝上，安装时应掌握以下各项规定：

① 灯管应装在配套的灯架上，这种灯架是特定设计的，既具有灯光的反射功能，又

是灯管的散热装置，有利于提高照度和延长灯管的寿命。

② 灯架离可燃建筑物的静距不得小于 1m，以避免出现烤焦或引燃事故。

③ 灯架离地垂直高度不宜低于 6m（指固定安装），以免产生眩光。

④ 灯管在工作时必须处于水平状态，倾斜度不得超过 4°，否则会出在自重的作用下，使钨分子大量回归在灯丝的下端部位。这样，就使灯丝上端部分迅速变细，从而使灯丝寿命迅速下降。

⑤ 由于灯管温度较高，灯管两端脚线的连接导线裸铜线穿套瓷珠（即短段瓷管）的绝缘结构，然后通过瓷质接线桥与电源引线连接，而电源引线（指挂线盒至灯架这段导线）宜采用耐热性能较好的橡胶绝缘软线。

2. 高压汞灯

高压汞幻又叫高压水银灯，与日光灯类似，也是气体放电光源，只是灯泡内水银蒸汽压力更高，光通量更大。高压汞灯适用于广场、车间、礼堂、车站及路灯等大面积照明。

（1）基本结构

图 4-21 所示为高压汞灯的基本结构及其安装电路。在玻璃泡中央，装有一支用石英玻璃制成的发光管，又叫放电管。这是高压汞灯的主体。管内充有定量的汞和少量氩气，发光管两端各自装有一个主电极，分别称为主电极 1 和主电极 2，在其中一端还装有一个启动电极，又叫辅助电极或引燃极。启动电极通过一个 15～100kΩ 的电阻与另一端的主电极相连。主电极用于发射电子，辅助电极用于触发启辉。

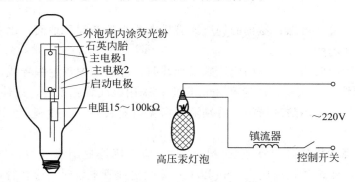

图 4-21　外镇流式高压汞灯基本结构及其安装电路

（2）工作原理

接通电源，给灯泡内启动电极与相临主电极之间加上 220V 的电源电压，由于这两个电极距离很小，通常只有 2～3mm，使电源电压在两极间形成强电场，并将其间气体击穿而产生辉光放电，使气体电离产生大量电子和离子。它们在石英放电管两主电极之间形成弧光放电。由于开始是低气压的水银蒸汽和氩气放电，这时放电管内电压不高但电流很大，形成启动电流。这种低压放电释放出较多的热量，使管内温度不断升高，液态汞不断汽化，使汞蒸汽压力和管内电压同时升高，液态汞全部蒸发后在管内形成高压蒸汽放电，发射出可见光和紫外线，紫外线激发玻璃泡壁上的荧光粉，便可发出较强的可见光。电源关掉或电压降低时，高压汞灯将自行熄灭。但此时石英放电管内汞蒸汽压力仍然很高，必须等灯管逐步冷却，管内气压降低后才能重新点燃，这个过程需要 5～10min。

（3）高压汞灯的安装

高压汞灯的安装很简单，只是在普通白炽灯电路基础上串联一个镇流器，但是它所用的灯座必须是与灯泡配套的瓷质灯座。原因是它的工作温度高，不能使用普通灯座。

跟日光灯一样，高压汞灯镇流器也必须与灯泡配套。这类镇流器仍由铁芯和线圈组成，但重量较大，固定在墙时必须考虑预埋件的承重强度。安装位置也应选择在离灯泡不远、人又不容易接触的地方。为了便于散热，镇流器可以整体裸露于空气中，但电路接头必须绝缘良好。如安装在室外，应注意防雨雪侵蚀。

五、临时照明装置和特殊用电场所照明装置的安装

1. 临时照明装置的安装

临时照明电路应使用绝缘导线，户内临时电路必须安装在离地面 2m 以上的支架上，户外临时电路必须装在离地 2.5m 以上的支架上，导线的中间连接或终端与接线桩的连接均采取防拉断措施。

用电量较大的应按临时进户形式接取电源，用电量较小的则可以从用户线配电板上总熔断器的出线桩上接取电源。

临时电路上所有金属外壳都必须采取可靠的基地措施。

2. 特殊场所照明装置的安装

凡是潮湿、高温、可燃、易爆的场所或有导电粉尘的空间和地面，以及具有化学腐蚀气体等均称为特殊场所。

特别潮湿房屋内照明装置采用瓷瓶敷设导线时，应使用橡皮绝缘导线，导线间距离应在 6cm 以上，导线与建筑物距离应在 3cm 以上；采用电线管施工时，应使用厚皮电线管，管子与管口连接处应采用防潮措施；特别潮湿房屋内安装开关、插座及熔断器必须采取防潮措施。

多尘房屋内照明装置采用瓷瓶敷设导线时，应使用橡皮绝缘导线，导线间距离应在 6cm 以上，导线与建筑物距离应在 3cm 以上；采用电线管敷设时，应在管口缠上胶布；开关、熔断器等设备，应采取防尘措施，灯具采用封闭式灯具，灯头采用不带开关的灯头。

有爆炸危险场所的照明装置的配线采用钢管敷设或暗敷设，灯具应采用防灯座和防爆开关，且灯具接线盒接线完毕应密封，所有非导电的金属部分都要可靠接地，且只能利用专用接地线，防止静电火花产生，禁止使用能产生电弧和火花的电器及设备。

六、插座的安装

电源插座是常用的电器的供电点，具有无开关、方便接电等待点，只需经熔断器直接可接入电源。单相电源插座有双孔、三孔，三相电源插座有四孔。

① 单相两极插座的安装：先将木台打好穿线孔，将导线穿出两眼插座的穿线孔，然后固定好木台、插座，把两导线连接在插座的接线桩上，注意面对你的插座的左孔为中线

接线，有孔为相线（火线）接线，千万不能错。

② 单相三极（眼）插座的安装：方法与单相两（极）眼插座相同，这里要注意的是三极插座中接地的接线桩必须与地线可靠连接，不可借用中性线桩头作为接地线，如图 4-22 所示。

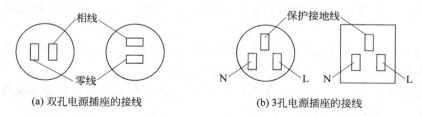

图 4-22　电源插座的接线

七、照明配电板电路的安装

1. 配电板的选择

家用配电板可用厚 15～20mm 的木板或塑料板制成，其大小由安装件大小和数量确定，若加工不便，应在市场上购买。配电板上装有单相电度表、闸刀开关、空气开关、漏电保护器及熔断器等。

2. 器件组装

① 布局要求应遵循能量的流动从左到行、从上到下的原则，按器件用途和功能排列。开关上掷为接通，下掷为断开。熔断器上方接线柱接电源进线，下方接线柱接负载的出线。

② 位置预排、器件定位。家用配电板结构比较简单，电表一般装在左边或上方，闸刀装在右边或下方。板面上器件之间的距离应满足表 4-3 的要求。

表 4-3　配电板上各器件之间的距离

相邻设备名称	上下距离/mm	左右距离/mm	相邻设备名称	上下距离/mm	左右距离/mm
仪表与线孔	80		指示灯与设备	30	30
仪表与仪表		60	插入式熔断器与设备	40	30
开关与仪表		60	设备与板边	50	50
开关与开关		50	线孔与板边	30	30
开关与线孔	30		线孔与线孔	40	

③ 打穿线孔，固定器件。

④ 器件接线，要求导线的额定电流应略大于配电板的总负载电流。

⑤ 在配电板上元器件的安装工艺要求：

a. 在配电板上按预先的设计进行安装，元器件安装位置必须正确。倾斜度不超过 1.5°～5°，同类元器件安装方向必须保持一致。

b. 元器件安装牢固，稍加用力摇晃无松动感。

c. 文明安装，小心谨慎，不得损伤、损坏器材。

⑥ 电路敷设工艺要求：

a. 照图施工，配线完整、正确，不多配、少配或错配。

b. 在既有主电路又有辅助电路的配电板上敷线，两种电路必须选用不同颜色的线加以区别。

c. 配线长短适度，线头在接线桩上压接不得压住绝缘层，压接后裸线部分不得大于 1mm。

d. 凡与有垫圈的接线桩连接，线头必须做成"羊眼圈"，且"羊眼圈"略小于垫圈。

e. 线头压接牢固，稍用力拉扯不应该有松动感。

f. 走线横平竖直，分布均匀。转角弯成 90°，弯曲部分自然圆滑，全电路弯曲的弧度应保持一致，转角控制在 90°±2°以内。

g. 长线沉底、走线成束。同一平面内不允许有交叉线，必须交叉时应在交叉点架空跨越，两线间距不小于 2mm。

h. 布线顺序一般以接触器为中心，由里向外、由低向高，先装辅助电路，后装主电路，以不妨碍后续布线为原则。

i. 对螺旋式熔断器接线时，中心接片接电源，螺口接片接负载。

j. 上墙。配电板应安装在不易受振动的建筑物上，板的下缘离地面 1.5～1.7m。安装时除注意预埋紧固件外，还应保持电度表与地面垂直，否则将影响电度表计数的准确性。

3. 通电调试

要求接入熔断器，先闭合负载控制开关，再闭合总开关，观察运行情况。如有异常，立即断电，检查纠正。

 **任务实施**

1. 学生分组练习荧光灯照明电路的安装。
2. 学生分组练习插座的安装。
3. 学生分组练习照明配电板电路的安装。

知识拓展

LED 日光灯管与传统灯管的比较

1. 与普通日光灯的区别

LED 日光灯与传统的日光灯在外型尺寸口径上都一样，长度有 60cm 和 120cm、150cm 三种，其功率分别为 10W、16W 和 20W，而 20W 传统日光灯（电感镇流器）实际耗电约为 53W，40W 传统日光灯（电感镇流器）实际耗电约为 68W。

2. 节能效果

10W LED 日光灯亮度要比传统 40W 日光灯还要亮，16W LED 日光灯要比传统 64W 日光灯还要亮，LED 日光灯亮度尤其显得更柔和更使人们容易接授。使用寿命在 5 万～

8万小时供电电压为 AC85V～260V（交流），无须启辉器和镇流器，启动快，功率小，无频闪，不容易视疲劳。它不但超强节能，而且更为环保，是国家绿色节能照明工程重点开发的产品之一，是目前取代传统日光灯的主要产品。

3. 安装方法

LED日光灯安装非常简单，安装时将原有的日光灯取下换上 LED 日光灯，并将镇流器和启辉器去掉，让220V 交流市电直接加到 LED 日光灯两端即可。

4. 使用寿命

LED日光灯节电高达 80％以上，寿命为普通灯管的 10 倍以上，几乎是免维护，不存在要经常更换灯管、镇流器、启辉器的问题，约半年下来节省的费用就可以换回成本。绿色环保型的半导体电光源，光线柔和，光谱纯，有利于人的视力保护及身体健康，6000K的冷光源给人视觉上清凉的感受，有助于集中精神，提高效率。

任务三　室内照明电路装置的维修

学习知识要点：
1. 掌握室内常用照明电路装置的常见故障及检修方法；
2. 掌握其他室内照明电路故障及检修方法。
职业技能要点：
能准确运用电工仪表对室内照明电路进行故障排除与检修。

 任务描述

灯具是人们从事生产和生活所需要的照明器具，目前人们常用的灯具主要有白炽灯、荧光灯、卤钨灯、高压汞灯、高压钠灯等。室内照明装置是如何安装的呢？本任务将重点讲解室内照明装置的安装方法。

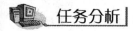 **任务分析**

本任务主要通过对室内照明电路装置故障的排查和检修的介绍，要求学生掌握室内常用照明电路装置的常见故障及检修方法，能正确运用电工仪表对室内照明电路进行故障排除与检修。

 **任务资讯**

一、室内照明电路装置的常见故障及检修方法

1. 照明灯具故障及检修

（1）白炽灯常见故障及检修
灯泡不亮故障：主要原因有灯泡钨丝断开、电源熔断器的熔丝烧断开、灯座或刀开关

的接线松动或接触不良、电路中有断路故障等。

针对灯泡不亮的故障进行检修，如灯泡钨丝断应调换灯泡；电源熔断器的熔丝烧断应检查熔丝烧断原因并更换熔丝；若灯座或开关的接线松动或接触不良应使其接触良好；如果电路中有断路，应查找断路点并接通电路。

开关合上后熔断器熔丝烧断故障：主要原因有灯座内线头短路、螺口灯座内短路、电路中发生短路、用电器发生短路、用电量超过熔丝容量等。

针对上述故障，检修方法主要是检查灯座内两接线头是否短路；检查螺口灯座并将中心铜片扳准；检查电路短路点并修复；检查用电器是否发生短路；若用电量超过熔丝容量应减小负载或更换熔丝。

灯泡忽亮忽暗或忽亮忽熄故障：主要原因有灯丝忽接忽离、灯座和开关接线松动、熔丝接头接触不良、电源电压不稳定等。

检修方法是，若灯丝忽接忽离应调换灯泡；若灯座和开关接线松动应检查灯座和开关接触不良处并修复；如果是熔丝接头接触不良应检查熔断器并使其接触良好；电源电压不稳定时应检查电源。

灯泡发出强烈白光故障：主要原因有灯泡额定电压低于电源电压、灯泡钨丝有搭丝现象使电阻减小。

检修方法是，若灯泡额定电压低于电源电压，应换上与电源电压相符的灯泡；若灯泡钨丝搭丝应更换新灯泡。

灯光青淡故障：主要原因有灯泡内钨丝辉发后，积聚在玻壳内表面使玻壳透明度减低、电源电压过低、电路因年久老化或绝缘损坏有漏电现象。

检修方法是，若灯泡内钨丝辉发后，积聚在玻壳内表面使玻壳透明度减低，这种情况不必修理；若电源电压过低应调高电源电压；若电路有漏电现象应检查电路，更换导线。

（2）日光灯常见故障及检修

日光灯不能发光故障：主要原因有灯座或启辉器底座接触不良、灯管漏气或灯丝断、镇流器线圈断、电源电压过低、日光灯接线错误、镇流器规格不匹配等。

检修方法是，灯座或启辉器底座接触不良时应转动灯管，使灯管四极与灯座四夹座接触良好、启辉器两极与底座二铜片接触良好；若灯管漏气或灯丝断开应使用万用表检查，如果灯管坏，应更换新灯管；若镇流器线圈断开应将镇流器线圈接好或更换镇流器；若电源电压过低应调高电源电压；若是日光灯接线错误或镇流器规格不匹配应进行检查，进行正确接线或更换规格匹配的镇流器。

日光灯抖动或两头发光故障：主要原因有接线错误或灯座灯脚松动、启辉器氖泡内动静触片不能分开或电容器击穿、镇流器规格不合适或接头松动、灯管陈旧，灯丝上电子发射物将尽，放电作用降低，电源电压过低。

检修方法是，接线错误应检查电路，进行正确接线；灯座灯脚松动应修理灯座；启辉器故障应更换启辉器；镇流器规格不合适或接头松动应修理或更换镇流器；灯管陈旧应换新灯管；电源电压过低应调高电源电压。

灯管两头发黑故障：主要原因有灯管陈旧，如果是新灯管，可能因启辉器损坏使灯丝发射物质加速挥发、灯管内水根凝结、电源电压太高或镇流器配合不等。

检修方法是，若灯管陈旧应更换新灯管；如果是新灯管启辉器损坏应更换启辉器；灯管内水银凝结则灯管工作后即能蒸发或将灯管旋转 180°即可；电源电压太高应降低电源电压；若镇流器配合不当应更换规格匹配的镇流器。

灯管闪烁或光在管内滚动故障：主要原因有新灯管暂时现象、灯管质量不良、镇流器规格不符或接线松动、启辉器接触不良或损坏。

检修方法是，如果是新灯管应试用几次或对调灯管两端；若灯管质量不良，应更换新灯管；镇流器规格不符应更换规格匹配的镇流器；接线松动应加固接线；启辉器接触不良应使启辉器两极与底座两铜片接触良好，启辉器损坏吹更换启辉器。

灯管亮度降低或色彩变差故障：主要原因有灯管陈旧、温度低或冷风直吹灯管、电源电压低、灯管上积垢太多。

检修方法是，若灯管陈旧应更换新灯管；若温度低或冷风直吹灯管应给灯管加防护罩或避开冷风；电源电压低应调高电源电压；若灯管上积垢太多应清除积垢。

灯管寿命短故障：主要原因有镇流器内部线圈短路、剧烈振动使灯丝振断、接线错误。

检修方法是，若镇流器规格不合适应更换合适的镇流器；若镇流器内部线圈短路应修理或更换新的镇流器；若灯丝振断应更换灯管；若接线错误应检查电路并进行正确接线。

镇流器有杂音故障：主要原因有镇流器质量差或硅钢片未夹紧、镇流器过载或内部短路、镇流器受热过度、电源电压过高、启辉器质量不良。

检修方法是，若镇流器质量差、镇流器过载或内部短路应更换镇流器；若镇流器受热过度应检查受热原因；若电源电压过高应调低电源电压；若启辉器质量不良应调换启辉器。

镇流器过热或冒烟故障：主要原因有电源电压过高、镇流器容量过低、镇流器内线圈短路、灯架内通风不良、灯管闪烁时间长或使用时间长。

检修方法是，若电源电压过高应调低电源电压；若镇流器容量过低应更换容量大的镇流器；若镇流器线圈短路应调换新镇流器；若通风不良应改善通风条件；若灯管闪烁时间长或使用时间长应检查闪烁时间或减少连续使用的时间。

2. 照明电路故障及检修

短路故障：主要原因有接线错误引起火线和零线相接触、线头直接插入插座内引起混线发生短路、灯头或开关内部短路、导线绝缘损坏发生碰线或接地。

检修方法是，若接线错误（火线和零线相接触）应检查接线，找出火线和零线相接点；若线头直接插入插座引起混线应采用插头；若灯头或开关内部短路应修理或调换；若导线绝缘损坏应检查绝缘损坏点并修复。

断路故障：主要原因有线头松动引起电路接触不良、熔丝断开、电路断路。

检修方法是，检查电源线、灯头线、开关线等线头位置是否松动，使其接触良好；若熔丝断开应更换熔丝；若电路断路应查找电路断路点并接通。

漏电故障：主要原因有导线老化、导线绝缘损坏、导线受潮或污染、导线接头包缠不紧等。

检修方法是，若导线老化应更换导线；若导线绝缘损坏应恢复导线绝缘或更换导线，若导线受潮或污染应查找受潮原因或污染源；若导线接头包缠不紧应检查导线接头，将接头连接紧密。

二、其他室内照明电路故障及检修方法

其他室内照明电路故障、原因及检修方法见表4-4。

表 4-4　其他室内照明电路故障、原因及检修方法

故障现象	故 障 原 因	检 修 方 法
开路	(1) 导线头脱落或松动 (2) 接线螺钉松动 (3) 接合桩损坏 (4) 开关触点不良 (5) 熔断器未能拧紧或熔断 (6) 导线被老鼠咬断或受外物损坏	(1) 重新接线并加装绝缘层 (2) 加固螺钉 (3) 更换损坏器件 (4) 更换开关 (5) 更换熔断器 (6) 重新接线并加装绝缘层
短路	(1) 导线陈旧，绝缘层破损，支持物松脱或其他原因 (2) 接线柱螺丝松脱或没有把绞合线拧紧，致使铜丝散开，线头相碰 (3) 家用电器内部的绕组绝缘损坏 (4) 灯泡的玻璃部分与铜头脱胶，旋转灯泡时使铜头部分的导线相碰	(1) 更换导线并除去损坏物品 (2) 重新装接 (3) 更换损坏的家用电器 (4) 更换灯泡或修理损坏部分
漏电	(1) 电路及设备老化或破损，引起接地或搭壳漏电 (2) 电路安装不符合电气安全要求，绝缘不合格 (3) 电路或设备受潮、受热或受腐蚀导致绝缘性能下降	(1) 更换导线或设备 (2) 按正确的方法安装 (3) 更换导线或设备，并对导线与设备加保护装置

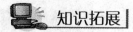

任务实施

1. 学生分组对室内照明电路进行故障排除。
2. 学生分组对室内照明电路进行检修。

知识拓展

照明产品常见问题

1. 节能灯点亮时，为什么根部会出现黑色斑块？

节能灯管里的工作物质是液汞。灯没点亮时，液态汞滴聚集吸附在灯丝上。一点亮灯时，液汞因灯丝突然发热而大量蒸发到玻璃管壁上，形成黑色的汞斑。一般工作十分钟左右，黑色汞斑即会自然蒸散，管壁恢复白色。这是荧光灯工作过程中的正常现象。

2. 为什么节能灯工作了一段时间后，灯光颜色变成粉红色？

这是因为灯内汞不足造成的，是灯管制造过程中产生的不良情况，应及时更换灯管。

3. 为什么节能灯买来时很亮，却越用越暗？

正常的节能灯产品在使用一段时间后，随着荧光粉的损耗，都会越用越暗，技术上称之为光衰。光衰是衡量节能灯品质优劣的重要标准之一，高品质的节能灯能够保证在使用过程中发生的光衰最小。卤粉管光衰较大，1000h光衰达30％；三基色光光效和光衰较好，使用2000h光衰不到20％。

4．为什么有的节能灯黑头很快？

与节能灯的开关次数与频率有关，电子节能灯是不能安装在调光电路和电子开关频率的电路上的。

5．为什么有的灯管里有一个黑色的滚动的小圆粒？

因为荧光灯内使用液态汞，会对环境造成一定的污染。为了减轻汞的污染，同时提高灯管的性能，目前有的灯管里采用了汞与其他金属的合金，在常温下呈固态，可以降低汞的蒸气压，也就是通常所说的黑色小圆粒，学名叫汞齐。汞齐是目前在荧光灯内采用的新材料。

6．大功率节能灯在安装时毛管易破碎。

灯管接桥较多，玻璃制品在焊接时就会存在一定的应力，再加上灯管面积较大，在安装时不能给灯管施加外力，安装时应避免直接抓握毛管旋转，应手握灯头旋转。

7．节能灯灯头生锈，机板受潮烧坏。

由于机壳内有水浸入导致元器件短路或高压跳火而烧坏，原因为此节能灯用在户外照明和易被水溅入的使用环境中。因节能灯结构上无防水功能，应避免在户外、潮湿地带等环境下使用。

8．为什么说节能灯塑料在点燃一段时间会变黄呢？

塑料变黄是塑料的一个基本特性，塑料变黄的原因很多，但其中最重要的一个原因是紫外线的影响，PBT材料也不例外，由于在点灯的过程式中，灯管内会产生紫外线，紫外线辐射塑料使它变黄。当然在塑料中可以加一些防紫外线的材料进去，但这只是延长它变黄的时间，时间长了它还是要发黄的。但塑料变黄并不影响塑料的一些基本特性，如耐高温和阻燃性。

技能训练一：护套线敷设及灯具安装

一、训练目的

1．掌握护套线敷设方法；

2．掌握照明灯具、开关、插座的安装方法。

二、工具器材

（1）木制配电板　850mm×850mm。

（2）元木　2个。

（3）单联明装开关　2个。

（4）双极插座（明装）1个。

（5）螺口平灯头　1个。

（6）瓷插式熔断器　RCA1—5，2个。

（7）挂线盒　1个。

（8）塑料护套线　BVV（2×1.0），2m。

（9）塑料护套线　BVV（3×1.0），2m。

（10）铝线卡（或塑料线卡）、木螺钉、小铁钉。

（11）剥线钳、尖嘴钳、螺丝刀、电钻、锤子各1个。

三、训练步骤及内容

护套线敷设及灯具安装练习图如图4-23所示。

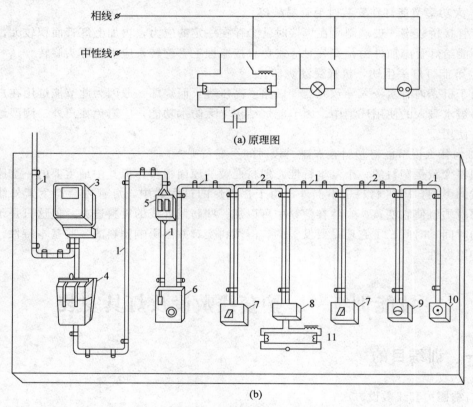

（a）原理图

（b）

1—二芯护套线；2—三芯护套线；3—单相电能表；4—闸刀开关；5—熔断器；
6—漏电保护开关；7—开关；8—方木；9—灯头；10—插座；11—日光灯

图4-23　护套线敷设及灯具安装练习图

训练步骤如下：

① 定位画线；

② 敷设护套线，固定线卡；

③ 安装熔断器、木台、开关、灯座、插座及接线盒；

④ 将荧光灯接到挂线盒上；

⑤ 检查电路并通电试验。

技能训练二：配电板的安装

一、训练目的

1. 掌握配电板上各电器排列次序；
2. 掌握配电板上各电器的安装。

二、工具器材

木制配电板；刀开关 HK1—15/3，1 个；熔断器 RC1A—10，6 个；护套线 BVV（2.5），5m；接地端子板 1 副；电钻 1 个；尖嘴钳 1 把；螺刀；小铁钉；木螺钉。

三、训练步骤及内容

配电板的安装练习图如图 4-24 所示。

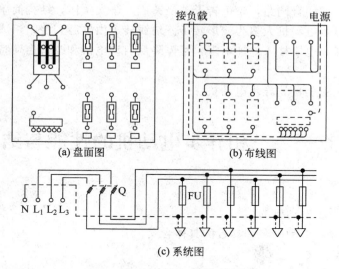

(a) 盘面图　　　　(b) 布线图

(c) 系统图

图 4-24　配电板的安装练习图

训练步骤如下：
① 根据电器排列确定盘面尺寸；
② 进行电器的定位画线及钻孔；
③ 安装各电器；
④ 敷设导线及各电器间的连接导线；
⑤ 仔细检查电路正确与否，无误后，通电试验。

项目五

三相异步电动机的控制原理与安装

电动机是工农业生产实现电气化、自动化必不可少的机械。交流异步电动机以定子绕组直接连接交流电网，其结构简单，制造、使用和维护方便，运行可靠、质量轻、成本较低，是各种电动机中应用最广、需要量最大的一种电动机。

交流异步电动机按电源相数分为单相和三相两类；按电动机尺寸分为大型、中型、小型 3 种；按防护形式分为开启式、防护式、封闭式 3 种；按通风冷却方式分为自冷式、自扇冷式、他扇冷式、管道通风式 4 种；按安装结构形式分为卧式、立式、带底脚式、带凸缘式 4 种；按绝缘等级分为 E 级、B 级、F 级、H 级；按工作定额分为连续、断续、短时 3 种。

交流异步电动机品种、规格繁多，按转子绕组形式分为笼形转子和绕线转子两类。笼形转子绕组本身自成闭合回路，整个转子被浇铸成一坚实整体，结构简单牢固，应用最为广泛，一般小型异步电动机大多为笼形转子。绕线转子由铁芯和绕组组成，在其转子绕组回路中通过集电环和电刷接入外加电阻，可以降低启动电流和改善启动特性，必要时可以调节转速。

本章重点讨论三相鼠笼异步电动机。

任务一　三相异步电动机的性能与结构

学习知识要点：
1. 掌握三相异步电动机的结构；
2. 掌握三相异步电动机名牌参数的具体含义。
职业技能要点：
能根据具体要求选择合适的电动机。

 任务描述

生产机械都是靠电动机来传动的。电动机按其工作电源可分为直流电机和交流电机两大类。交流电机按其工作电源相数又分为单相和三相两种；按电机转速又分为同步和异步两种。三相异步电动机因其结构简单、运行可靠、经济等特点被广泛使用。三相异步电动机的名牌如何解读？如何根据具体要求选择合适的电动机？

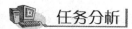

任务分析

本任务主要通过根据具体要求选择合适的电动机的学习，要求学生了解电动机的结构，掌握电动机铭牌参数的具体含义。

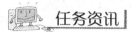

任务资讯

一、三相异步电动机的铭牌

每台异步电动机的机座上都有一个铭牌，它标记着电动机的型号、各种额定值和连接方法等，如图 5-1 所示。按电动机铭牌所规定的条件和额定值运行，称作额定运行状态。下面以三相异步电动机 Y112M—6 铭牌为例来说明各数据的含义。

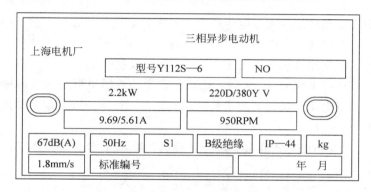

图 5-1 三相异步电动机的铭牌

1. 型号

型号指电动机的产品代号、规格代号和特殊环境代号。电机产品型号一般由大写印刷体的汉语拼音字母和阿拉伯数字组成，其中汉语拼音字母是根据电机全名称选择有代表意义的汉字，再用该汉字的第一个拼音字母组成。它表明了电机的类型、规格、结构特征和使用范围。

我国目前生产的异步电动机种类很多，有老系列和新系列之别。老系列电机已不再生产，现有的将逐步被新系列电机所取代。新系列电机符合国际电工协会标准，具有国际通用性，技术、经济指标更高。表 5-1 是几种常用系列异步电动机新旧代号对照表。

表 5-1 异步电机新旧产品代号对照表

产 品 名 称	新 代 号	意 义	老 代 号
异步电动机	Y	异	J，JO，JS，JK
绕线式异步电动机	YR	异	JR，JRO
高启动转矩异步电动	YQ	异起	JQ，JQO
多速异步电动机	YD	异多	JD，JDO
精密机床异步电动机	YJ	异精	JJO
大型绕线式高速异步电动机	YRK	异绕快	YRG

我国生产的异步电动机的主要产品系列有：

① Y 系列为一般的小型鼠笼式全封闭自冷式三相异步电动机，主要用于金属切削机床、通用机械、矿山机械和农业机械等。

② YD 系列是变极多速三相异步电动机。

③ YR 系列是三相绕线式异步电动机。

④ YZ 和 YZR 系列是起重和冶金用三相异步电动机，YZ 是鼠笼式，YZR 是绕线式。

⑤ YB 系列是防爆式鼠笼异步电动机。

⑥ YCT 系列是电磁调速异步电动机。

其他类型的异步电动机可参阅有关产品目录。

2. 额定值

① 额定功率 P_N　额定功率指电动机在额定运行时，轴上输出的机械功率，单位为 kW。

② 额定电压 U_N 和接法　额定电压指电动机在额定运行状态时，定子绕组应加的线电压，单位为 V。有的电动机铭牌上给出两个电压值，这是对应于定子绕组三角形和星形两种不同的连接方式。当铭牌标为 220D/380Y V 时，表明当电压为 220V 时，电动机定子绕组用三角形连接；而电源为 380V 时，电动机定子绕组用星形连接。两种方式都能保证每相定子绕组在额定电压下运行。为了使电动机正常运行，一般规定电源电压波动不应超过额定值的 5%。

③ 额定电流 I_N　指电动机在额定电压下运行，输出功率达到额定值，流入定子绕组的线电流，单位为 A。

④ 额定频率 f_N　指加在电动机定子绕组上的允许频率。我国电力网的频率规定为 50Hz。

⑤ 额定转速 n_N　指电动机在额定电压、额定频率和额定输出的情况下，电动机的转速，单位为 r/min。

⑥ 绝缘等级　指电动机内部所有绝缘材料允许的最高温度等级，它决定了电动机工作时允许的温升。电动机允许温升与绝缘耐热等级关系见表 5-2。

表 5-2　电动机允许温升与绝缘耐热等级关系

绝缘耐热等级	A	E	B	F	H	C
允许最高温度/℃	105	120	130	155	180	180 以上
允许最高温升/℃	65	80	90	115	140	140 以上

⑦ 定额　按电动机在额定运行时的持续时间，定额分为连续——S1、短时——S2 及断续——S3 三种。"连续"表示该电动机可以按铭牌的各项定额长期运行。"短时"表示只能按照铭牌规定的工作时间短时使用。"断续"表示该电动机短时运行，但每次周期性断续使用。

⑧ 防护等级　是提示电动机防止杂物与水进入的能力。它是由外壳防护标志字母 IP 后跟 2 位具有特定含义的数字代码进行表定的。例如某电动机的防护等级为 IP44，意义

见表 5-3 和表 5-4。

表 5-3　防护等级的代码（1）

防护等级 （第一位数字）	定　义
0	有专门的防护装置
1	能防止直径大于 50mm 的固体侵入
2	能防止直径大于 12mm 的固体侵入
3	能防止直径大于 25mm 的固体侵入
4	能防止直径大于 1mm 的固体侵入
5	防尘
6	完全防止灰尘进入壳内

表 5-4　防护等级的代码（2）

防护等级（第二位数字）	定　义
0	无防护
1	防滴
2	15°防滴
3	防淋水
4	防止任何方向溅水
5	防止任何方向喷水
6	防止海浪或强力喷水
7	简称浸水级
8	简称潜水级

⑨ 噪声器　为了降低电动机运行时带来的噪声，目前电动机都规定噪声指标，该指标随电动机容量及转速的不同而不同（容量及转速相同的电动机，噪声指标又分"1"、"2"两段）。中小型电动机噪声量的大致范围在 50～100dB 之间。

⑩ 振动量　表示电动机振动的情况，即电动机轴向移动量。

在铭牌上除了给出的以上主要数据外，有的电动机还标有额定功率因数 $\cos\phi_N$。电动机是感性负载，定子相电流滞后定子相电压一个 ϕ 角，所以功率因数 $\cos\phi_N$ 是指额定负载下定子电路的相电压与相电流之间相位差的余弦。异步电动机的 $\cos\phi_N$ 随负载的变化而变化，满载时 $\cos\phi$ 为 0.7～0.9，轻载时 $\cos\phi$ 较低，空载时只有 0.2～0.3。实际使用时要根据负载的大小来合理选择电动机容量，防止"大马拉小车"。

二、三相异步电动机的结构

1. 定子

定子由机座、定子铁芯、定子绕组和端盖组成，如图 5-2 所示。机座是电动机的外壳，通常用铸铁或铸钢制成，用来固定和安装定子铁芯，转子通过轴承、端盖固定在机座上。为了增加散热能力，一般封闭式机座表面都装有散热筋，防护式机座两侧开有通风孔。

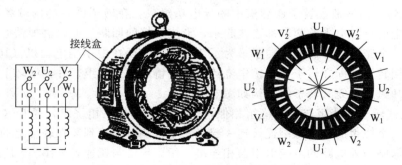

图 5-2　三相交流电动机定子的实际结构

定子铁芯的作用一是导磁，二是安放绕组。为了减小涡流损耗，通常采用导磁性能较好、厚度 0.5mm、表面涂有绝缘漆的硅钢片叠压成筒形铁芯。铁芯内圆周上有许多均匀分布的线槽，用来嵌放对称三相绕组。

定子绕组是定子的电路部分，是由高强度漆包铜线或铝线绕成的线圈，共分三组，分布在定子铁芯槽内，它们在定子内圆周空间的排列彼此相隔120°，构成对称的三相绕组，每相绕组的两端分别用 U_1-U_2、V_1-V_2、W_1-W_2 表示，分别引至电动机接线盒的接线柱上，排列形式如图 5-3 所示。定子绕组可根据电源电压的情况接成星形或三角形。例如，电源的线电压是 380V，电动机定子各相绕组允许的工作电压是 220V，则定子绕组应做星形连接；若电动机绕组允许的工作电压也为 380V，则应做三角形连接。三相异步电动机的接法，在它的铭牌上已经注明，实际使用时，应根据规定连接。

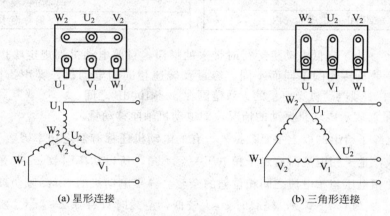

图 5-3 定子接线盒的连线

2. 转子

转子由转子铁芯、转子绕组、转抽风扇等组成，它是电动机的转动部分。转子铁芯的作用与定子铁芯相同，也是导磁与安放转子绕组。同样出 0.5mm 厚、表面涂有绝缘漆且外因冲槽的硅钢片叠成，铁芯固定在转轴或转子支架上，整个转子铁芯的外表面成圆柱形。

转子绕组的作用是产生电磁转矩。三相异步电动机的转子绕组根据结构的不同分为笼式和绕线式两种。

① 笼式转子由嵌放在转子铁芯槽中的导电条组成。在转子铁芯的两端各有一个导电端环，分别把所有导电条的两端都连接起来，形成短接的回路。如果去掉铁芯，转子绕组的外形就像一个笼，故称为笼式转子。为了节省钢材，现在中小型电动机（100kW 以下）一般采用铸铝转子，即在转子铁芯槽中浇铸铝液，铸成笼式绕组，并在端环上铸出许多叶片，作为冷却风扇。笼式转子的结构如图 5-4 所示。

② 绕线式转子的绕组与定子绕组相似，也是一个对称三相绕组，通常这三相绕组连接成星形，三个绕组的三个尾端连接连一起，三个首端分别接到装在转轴上的三个铜制滑环上，通过电刷与外电路的可变电阻器相连接，用于启动与调速，如图 5-5 所示。

绕线式异步电动机由于其结构复杂、价格较高，一般只用于对启动和调速有较高要求的场合，如立式机床、起重机等。

(a) 笼式转子　　　　(b) 笼式转子绕组　　　　(c) 铸铝的笼式转子

图 5-4　笼式转子

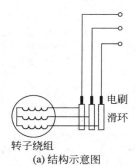 

(a) 结构示意图　　　　　　　　　(b) 绕线式转子形状

图 5-5　绕线式转子

任务实施

1. 学生分组练习三相异步电动机铭牌的识读。
2. 学生分组进行根据具体要求选择合适电动机的练习。

知识拓展

三相异步电动机型号说明

电动机型号按 GB4831 的规定由产品代号、规格代号二部分依次排列组成。产品代号由电机系列代号表示，含义如下：

Y——鼠笼型异步电动机；

YR——绕线型异步电动机；

YKS——带空-水冷却器封闭式鼠笼型异步电动机；

YQF——气候防护式鼠笼型异步电动机；

YKK——带空-空冷却器封闭式鼠笼型异步电动机；

YRKS——带空-水冷却器封闭式绕线型异步电动机；

YRQF——气候防护式鼠笼型异步电动机；

YRKK——带空-空冷却器封闭式绕线型异步电动机。

规格代号由中心高、铁芯长度、极数组成。示例：

Y——鼠笼型异步电动机；500——中心高 500mm；1——1 号铁芯长；4——4 极。

任务二 三相异步电动机的控制原理

学习知识要点：

1. 掌握三相异步电动机的启动原理；

2. 掌握三相异步电动机的反转原理；

3. 掌握三相异步电动机的调速原理。

职业技能要点：

1. 能对三相异步电动机的启动原理进行分析；

2. 能对三相异步电动机的反转原理进行分析；

3. 能对三相异步电动机的调速原理进行分析。

 任务描述

三相异步电动机如何进行启动、反转及调速？本任务将对三相异步电动机的启动、反转及调速原理进行分析。

任务分析

本任务主要通过对三相异步电动机启动、反转、调速方法的学习，要求学生掌握三相异步电动机的启动、反转及调速原理。

任务资讯

一、三相异步电动机的启动

1. 直接启动

直接启动又叫全电压启动，它是指电动机定子直接加具有额定频率的额定电压使其从静止状态变为旋转状态的一种启动方法。由于直接启动设备简单、操作方便、启动时间短，因此，凡是条件允许的地方，都尽可能采用直接启动。但是，直接启动的启动电流大，引起电压出现较大的降落，在某些场合会给电动机本身以及电网造成危险。因此，这种启动方法一般用于小容量（小于 10kW）的鼠笼型异步电动机。

2. 降压启动

这种启动方法适用于不能直接启动而负载又比较轻的场合。

（1）定子串联电阻降压启动

图 5-6 为定子串联对称电阻的降压启动接线图。开始启动时，KM₁ 闭合，将启动电阻

R_{st}串接入定子电路中，接通额定的三相电源后，定子绕组的电压为额定电压减去启动电流在R_{st}上造成的电压降，实现降压启动。当电动机转速升高到某一定数值时，断开KM_1，闭合KM_2，切除启动电阻，电动机全压运行在固有机械特性线上，直至达到稳定转速。

（2）自耦变压器降压启动

图5-7所示是异步电动机自耦变压器降压启动的接线图。当KM_1断开，KM_2和KM_3闭合时，电源电压U_1经过自耦变压器T后，降为U_2加在电动机上，电动机得电启动；当转速上升到一定数值时，断开KM_2和KM_3，闭合KM_1，将全压加到电动机定子上，电动机继续升速到稳定状态。

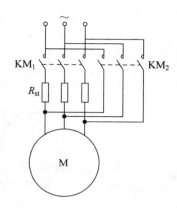

图5-6　定子串联对称电阻降压启动接线图

设自耦变压器变比为k，则采用这种方法降压启动时的启动电流和启动转矩均下降为直接启动时的$\dfrac{1}{k^2}$倍。

（3）星形（Y）-三角形（△）启动

星形-三角形启动，就是在启动时电动机定子绕组为星形接法，正常运行时改变为三角形接法，其接线如图5-8所示。

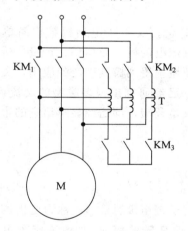

图5-7　异步电动机用自耦变压器降压启动电路图

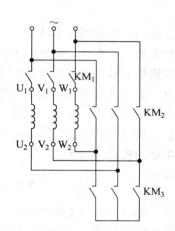

图5-8　异步电动机星形-三角形启动电路图

启动时，KM_1、KM_3闭合，KM_2断开，则电动机定子接成星形，绕组上相电压低于额定相电压，转速升高到指定值时，将KM_3断开，KM_2闭合，电动机全压升速到稳定运行。采用这种方法的启动电流和启动转矩均为直接启动时的1/3。

二、三相异步电动机的反转

三相异步电动机的反转是靠改变定子绕组的电源相序实现的。图5-9为电动机反转的控制电路。图中，QS为三极隔离开关；FU为熔断器，用于电路的短路保护；FR为热继电器，对电动机起过载保护作用。当正转时，KM_1闭合，KM_2断开；反转时，KM_1断开，

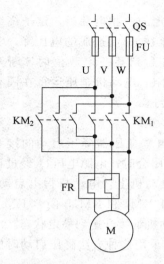

图 5-9　三相异步电动机的反转控制电路

KM_2闭合。

三、三相异步电动机的调速

异步电动机在调速特性方面不如直流电动机，但因为异步电动机结构简单、运行可靠、维护方便，在容量、转速、电压上都能高于直流电动机，而体积、重量、价格都比同容量的直流电动机低，所以在生产和生活的各个领域里得到极其广泛的应用，关于它的调速问题也一直是人们努力不懈的研究课题。目前，已经研究出很多类型的交流调速装置，有的形成了产品系列。尽管交流调速付诸实践仅仅是开端，却已经显示出它的生命力和广阔的前景，所以有必要了解异步电动机的调速原理。

异步电动机的转速为

$$n = (1-s)n_N = \frac{60f_1}{p}(1-s)$$

可见，要调节异步电动机的转速，可以改变定子绕组极对数 p，称为变极调速；也可以改变定子电源频率 f_1，称为变频调速；还可以改变转差率 s，如改变定子电压，改变定、转子参数等。

1. 变极调速

在异步电动机中，当定、转子极对数相等时，才能获得稳定的平均电磁转矩。一旦改变定子极对数，只有鼠笼型异步电动机的转子能自动使极对数与定子极对数相等，所以，变极调速只适用于鼠笼型异步电动机。实际中常用的变极接线方式有△-丫和丫-丫丫两种。

（1）△-丫接法：

如图 5-10 所示，将 T_4、T_5、T_6悬空，电源接在 T_1、T_2、

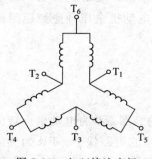

图 5-10　△-丫接法变极

T_3端，则电动机定子绕组为△接法，极对数为 p。当把 T_1、T_2、T_3 连在一起，电源接在 T_4、T_5、T_6 端，则电动机定子为丫丫接法，极对数减少一半，为 $p/2$，同步转速提高一倍。

（2）丫-丫丫接法：

如图 5-11 所示，当把 T_1、T_2、T_3 接电源时，每相的两个"半绕组"串联，极对数为 p，同步转速为 n_1。接成丫丫时，每相的两个"半绕组"反向并联，极对数为 $p/2$，则同步转速为 $2n_1$，比接成丫时提高一倍。

变极调速所需设备简单，成本不高，操作方便，但属有级调速，平滑性差。

2. 转子串电阻调速

绕线型异步电动机转子串电阻调速是改变转差率调速的一种类型。如图 5-12 所示，调速前，电动机的电磁转矩与负载转矩平衡，电动机稳定运行。转子外串电阻 R_a（即图 5-12 中的 $R_{a1}>R_{a2}>R_{a3}$）后，电动机重新稳定运行。不过，此时的转速已被调到某一个较低的值了。

反之，若减少电动机外接电阻值，上述过程相反，电动机稳定运行在一个较高的转速。

转子串不同电阻调速的人为机械特性如图 5-12 所示。从图中可以看出异步电动机转子串电阻调速有如下特点：

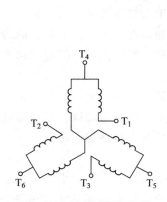

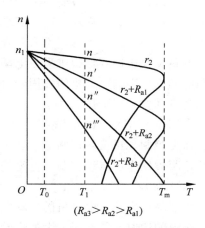

图 5-11　丫-丫丫接法变极　　　图 5-12　绕线型异步电动机转子回路串电阻调速的机械特性

① 转子串电阻时，同步转速不变。

② 转子所串电阻越大，机械特性越软，低速时电动机运行的相对稳定性越差。

③ 属于恒转矩调速方式，适宜带恒转矩负载，但在空载和轻载时调速范围比较小。

④ 属于有级调速，平滑性差。转子串电阻调速虽然能耗大，但因为设备简单、成本较低、容易实施、便于维修、所以得到普遍应用。

以前用变频机组作为变频电源，是由异步电动机拖动直流发动机，作为直流电动机的电源，直流电动机拖动交流发动机，通过调节直流电动机的转速，调节交流发动机所发交流电的频率。该机组庞大，价格昂贵、噪声大、维护麻烦，所以仅用作钢厂多台辊道电动机同步调速的公共电源和需要调速性能好而不能采用直流电动机的易燃场合，难以推广。

现在由于电子技术的迅速发展，研制生产了多种静止的电子变频调速装置，不但体积小、质量轻、无噪声，而且功能多，便于实现自动控制，调速性能可与直流电动机比美，唯一的缺点是目前价格较高。随着电子工业的进一步发展，电子变频调速装置的性能将逐步提高，价格将逐步下降，应用将日益广泛。

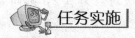 **任务实施**

1. 学生分组对三相异步电动机的启动原理进行分析。
2. 学生分组对三相异步电动机的反转原理进行分析。
3. 学生分组对三相异步电动机的调速原理进行分析。

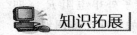 **知识拓展**

三相异步电动机启动方法的选择和比较

1. 直接启动

直接启动的优点是所需设备少、启动方式简单、成本低。电动机直接启动的电流是正常运行的 5 倍左右，理论上来说，只要向电动机提供电源的电路和变压器容量大于电动机容量的 5 倍以上的，都可以直接启动。这一要求对于小容量的电动机容易实现，所以小容量的电动机绝大部分都是直接启动的，不需要降压启动。对于大容量的电动机来说，一方面是提供电源的电路和变压器容量很难满足电动机直接启动的条件；另一方面强大的启动电流冲击电网和电动机，影响电动机的使用寿命，对电网不利。所以大容量的电动机和不能直接启动的电动机都要采用降压启动。

直接启动可以用胶木开关、铁壳开关、空气开关（断路器）等实现电动机的近距离操作、点动控制、速度控制、正反转控制等，也可以用限位开关、交流接触器、时间继电器等实现电动机的远距离操作、点动控制、速度控制、正反转控制、自动控制等。

2. 用自偶变压器降压启动

采用自耦变压器降压启动，电动机的启动电流及启动转矩与其端电压的平方成比例降低，相同的启动电流的情况下能获得较大的启动转矩。如启动电压降至额定电压的 65%，其启动电流为全压启动电流的 42%，启动转矩为全压启动转矩的 42%。

自耦变压器降压启动的优点是可以直接人工操作控制，也可以用交流接触器自动控制，经久耐用，维护成本低，适合所有的空载、轻载启动异步电动机使用，在生产实践中得到广泛应用。缺点是人工操作要配置比较贵的自偶变压器箱（自偶补偿器箱），自动控制要配置自偶变压器、交流接触器等启动设备和元件。

3. Υ-△降压启动

定子绕组为△连接的电动机，启动时接成Υ，速度接近额定转速时转为△运行，采用这种方式启动时，每相定子绕组降低到电源电压的 58%，启动电流为直接启动时的 33%，启动转矩为直接启动时的 33%。这种启动方式的启动电流小，启动转矩小。

Y-△降压启动的优点是不需要添置启动设备,有启动开关或交流接触器等控制设备就可以实现;缺点是只能用于△连接的电动机,大型异步电机不能重载启动。

4. 转子串电阻启动

绕线式三相异步电动机,转子绕组通过滑环与电阻连接。外部串接电阻相当于转子绕组的内阻增加了,减小了转子绕组的感应电流。从某个角度讲,电动机又像是一个变压器,二次电流小,相当于变压器一次绕组的电动机励磁绕组电流减小。根据电动机的特性,转子串接电阻会降低电动机的转速,提高转动力矩,有更好的启动性能。

在这种启动方式中,由于电阻是常数,将启动电阻分为几级,在启动过程中逐级切除,可以获取较平滑的启动过程。

根据上述分析知:要想获得更加平稳的启动特性,必须增加启动级数,这就会使设备复杂化。采用了在转子上串接频敏变阻器的启动方法,可以使启动更加平稳。

频敏变阻器启动原理是:电动机定子绕组接通电源电动机开始启动时,由于串接了频敏变阻器,电动机转子转速很低,启动电流很小,故转子频率较高,$f_2 \approx f_1$,频敏变阻器的铁损很大,随着转速的提升,转子电流频率逐渐降低,电感的阻抗随之减小。这就相当于启动过程中电阻的无级切除。当转速上升到接近于稳定值时,频敏电阻器短接,启动过程结束。

转子串电阻或频敏变阻器虽然启动性能好,可以重载启动,由于只适合于价格昂贵、结构复杂的绕线式三相异步电动机,所以只是在启动控制、速度控制要求高的各种升降机、输送机、行车等行业使用。

5. 软启动器

软启动器是一种集电机软启动、软停车、轻载节能和多种保护功能于一体的新颖电机控制装置,国外称为 Soft Starter。它的主要构成是串接于电源与被控电机之间的三相反并联闸管交流调压器。运用不同的方法,改变晶闸管的触发角,就可调节晶闸管调压电路的输出电压。在整个启动过程中,软启动器的输出是一个平滑的升压过程,直到晶闸管全导通,电机在额定电压下工作。

软启动器的优点是降低电压启动,启动电流小,适合所有的空载、轻载异步电动机使用;缺点是启动转矩小,不适用于重载启动的大型电机。

任务三　三相异步电动机的拆卸与装配

学习知识要点:

1. 掌握三相异步电动机拆卸方法和步骤;
2. 掌握三相异步电动机的装配方法和步骤。

职业技能要点:

能对三相异步电动机进行装配和拆卸。

 任务描述

电动机因为发生故障需要检修或维护保养等原因,经常需要拆卸和装配。三相异步电

动机如何进行装配和拆卸？本任务将对三相异步电动机的装配和拆卸方法进行分析。

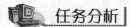 任务分析

本任务主要通过对三相异步电动机进行装配和拆卸的介绍，要求学生掌握三相异步电动机的装配和拆卸的具体方法和步骤，为三相异步电动机的故障修理做准备。

任务资讯

1. 拆卸前的准备

① 准备所用工具、材料，工具有电工常用工具、锤子、铜棒、轴承拆卸工具、扁铲；材料有垫木、汽油、润滑脂、毛刷、棉纱、油盘。

② 熟悉异步电动机的结构。

③ 做好拆卸前的记录和检查。

④ 标出电源线在接线盒中的相序。

⑤ 标出绕组引出线在机座上的出口方向。

⑥ 准备好记录本，记录拆卸的顺序。

2. 拆卸步骤

电动机的拆卸步骤如图 5-13 所示。

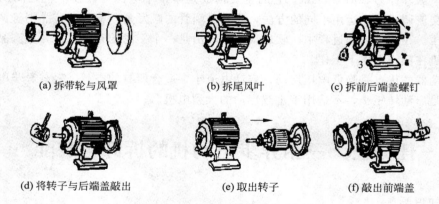

(a) 拆带轮与风罩 (b) 拆尾风叶 (c) 拆前后端盖螺钉

(d) 将转子与后端盖敲出 (e) 取出转子 (f) 敲出前端盖

图 5-13　电动机的拆卸步骤

① 拆除电动机的电源连接线，并对电源线线头做好清理，并做好标记，便于装配时不出错。

② 拆除电动机的保护地线。

③ 卸下带轮或联轴器。

④ 卸下电动机尾部风罩和风叶。

⑤ 拆卸轴承外盖和端盖，打下前、后端的紧固螺钉。

⑥ 用木板垫在转轴前端，用锤子将转子和后端盖从机座中敲出，若使用木锤子，可

直接敲打转轴前端；对于绕线转子异步电动机，应先提起和拆除电刷、电刷架和引出线。

⑦ 从定子中抽出或吊出转子。

⑧ 用木棒伸进定子铁芯，顶住前端内盖，用锤子将前端盖敲离机座。

⑨ 拉出前后轴承及轴承内盖。

3. 主要零部件的拆卸方法

在电动机的拆卸过程中，有几个主要零部件的拆卸难度较大，不易拆卸，弄不好会损坏零部件。因此在拆卸时，要掌握正确的拆卸方法，才能完整地拆卸、维修和装配。

（1）带轮或联轴的拆卸

① 在带轮或联轴器的轴伸端上做好尺寸标记。

② 将带轮或联轴器上的定位螺钉或销子松脱取下，装上拉具，拉具的丝杠顶端要对准电动机油端的中心，使其受力均匀。

③ 转动丝杠，把带轮或联轴器慢慢拉出。如拉不出，可在定位螺丝内注入煤油，待几小时后再拉；如再拉不出，可用喷灯等急火在带轮或联轴器四周加热，使其膨胀，就可趁热迅速拉山，但加热的温度不能太高，以防止转轴变形。

注意事项：拆卸过程中不能用手锤直接敲出带轮或联轴器，敲打会使带轮或联轴器碎裂、转轴变形或端盖受损等。

（2）风罩和风叶的拆卸

① 把外风罩螺栓松脱，取下风罩。

② 把转轴尾部风叶上的定位螺栓或销子松脱、取下，用金属棒或手锤在风叶四周均匀轻敲，小型异步电动机的风叶一般不用拆卸，可随转子一起抽出。但如果后端盖内的轴承需加油更换时，就必须拆卸，这时可把转子连同风叶放在压床中一起压出。对于采用塑料风叶的电动机，可用热水使塑料风叶膨胀后拆下来。

（3）轴承端盖的拆卸

① 把轴承的外盖螺栓松下，卸下轴承外盖。

② 为便于装配时复位，在端盖与机座接缝处的某一位置做好标记。

③ 松开外端盖的紧固螺钉，垫上垫木，用锤子均匀地敲打端盖四周，把端盖取下。对小型电动机，可先把轴伸端的轴承外盖卸下，再松开后端盖的固定螺栓（如风叶装在轴伸端的，则须先把后端盖外面的轴承外盖取下），然后用木锤敲打轴伸端，这样可把转子连同后端盖一起取下。

（4）拆卸轴承

拆卸轴承通常有以下几种方法：

① 铜棒拆卸：用带有楔形的铜棒，倾斜插入轴承的内圈，用手锤敲打铜棒的顶部，边敲边沿轴承内圈移动铜棒的位置、均匀用力，慢慢地把轴承敲出，如图 5-14 所示。

② 拉具拆卸：根据轴承的大小，选用合适的拉具，拉具的脚爪应扣入轴承的内圈，拉具的丝杆顶点要垂直对准转子轴段中心，用力要均匀，动作要缓慢，如图 5-15 所示。

③ 油浸拆卸：对已生锈的轴承，可将轴承内圈用煤油浸泡 1～2h 再进行拆卸。如还不能拆卸，可适当加热使其膨胀而松脱。注意：加热前，用湿布包好转轴，防止热量扩散。

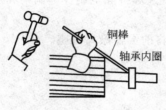

图 5-14 铜棒拆轴承

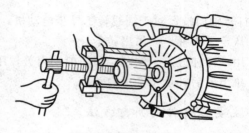

图 5-15   拉具拆轴承

④ 轴承在端盖内的拆卸：若轴承留存在端盖内时，可把端盖止口面向上平稳地搁在中间留有空隙的木板上，在轴承顶部加垫木，用铁锤敲打垫木拆下。

（5）抽出转子：电动机的转子在抽出前应在转子下面的气隙和绕组部位垫上纸板，以免碰伤线圈绕组和铁芯。小型电动机的转子可直接抽出，大型电动机的转子可采用起重设备抽出。如转子轴承较短，可加接假轴承，让起重设备能够着力。

二、异步电动机的装配

1. 装配前的准备

（1）准备所用工具、材料和仪表（万用表、钳形电流表、兆欧表等）。

（2）对电动机进行检查。

① 对定子、转子进行清扫与检查。用皮老虎或压缩空气吹净灰尘垢物，用毛刷再做清扫。检查绕组的外观，看其有无破损及绝缘是否老化。

② 对轴承进行清洗、检查与换油。用汽油将轴承清洗干净，不要残留旧润滑脂。用手转动轴承外圈，检查其是否滑动灵活，有无过松、卡住的情况；观察滚珠、滚道表面有无斑痕、锈迹，以决定是否更换。换油时，加入的润滑脂应适量，一般以轴承室容积的 1/3～1/2 为宜，润滑脂量过大会使电动机运转时轴承发热。

③ 用兆欧表测量定子绕组的绝缘电阻。有两项内容：一是绕组对地绝缘电阻，二是三相绕组间的绝缘电阻，都应采用 500V 兆欧表测量。测量接线为：测量定子绕组对地（外壳）绝缘电阻时，E 端钳接外壳，L 端钮接绕组，对三相绕组分别进行测量；测量三相绕组间绝缘时，L 和 E 端分别接被测两相绕组。摇测处的绝缘电阻应不低于 0.5MΩ。

④ 用万用表检查定子绕组，并判定其首尾端。检查定子绕组也有两项内容：一是有无断线，二是粗略测量其直流电阻。检查时所用的万用表，应选用较好的表，量程应放在电阻的"×1"挡，使用前做好调零。

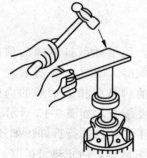

图 5-16   用套筒安装轴承

2. 装配步骤

（1）轴承的安装：对检查好的轴承，在轴承盖油槽内加入了足够的润滑油，先套在轴上，然后再套轴承，为使轴承内圈受力均匀，可用一根内径比转轴大而比轴承内圈外径略小的套筒抵住轴承内圈，将其均匀敲打到位，如图 5-16 所示。如没有套筒，也可用铜棒均匀敲打到位。如果轴承与轴颈过紧，可将轴承加热至100℃左右，趁热套上。

（2）前后端盖的装配：转轴较长的为前端盖，转轴较短的为后端盖。

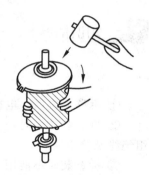

① 前端盖的装配：装配前端盖时，应对准机座上的标记，用木锤均匀敲打前端盖的四周，到位后交替拧紧螺栓。

② 后端盖的装配：装配后端盖时，可将轴伸端垂直放置，将后端盖套上轴承，在轴端头加上垫木，用木锤轻轻地敲打四周，如图5-17所示。端盖到位后，可装配轴承外盖。紧固螺丝也需要交替拧紧。

图5-17 后端盖的安装

（3）绕组的首、尾端的装配：先用万用表检查绕组的首、尾端，如图5-18所示。进行接线，用万用表的毫安挡测试。转动电动机的转子，如万用表的指针不动，说明三相绕组是首首相连、尾尾相连。如指针摆动，可将任一相绕组引出线首尾位置调换后再试，直到表针不动为止。

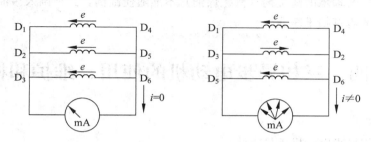

图5-18 万用表检查电动机定子绕组的方法

3. 装配后的检验

为了保证装配后质量，电动机经装配后需要进行检验。

（1）检查机械部分的装配质量：检查所有紧固螺丝是否拧紧、转子转动是否灵活，轴承内是否有噪声，机座在地基上是否复位准确、安装牢固，与生产机械的配合是否良好。

（2）测量空载电流：按铭牌的要求接线或者根据自己检测到的首尾接好三相电源线，进行空载试车。空载试车可用接触器实现控制，也可使用磁力启动器，但都必须按所画的电路图进行接线。熔断器的熔丝可按2.5倍电动机额定电流选择，热继电器的整定值按1.1倍额定电流调整。主回路导线截面积按1mm²通过6～8A电流来选择。接线应正确并符合安全规程规定。

用钳形电流表测量三相空载电流值，一是看三相电流是否平衡，即三相空载电流相差不超过10％；二是看空载电流与额定电流的百分比是否在规定范围内，即是否符合允许值。对10kV以下的电动机，极数是2的为30％～45％，极数是4的为35％～55％。

（3）检查电动机温升是否正常，运转中有无异响。

任务实施

1. 学生分组进行三相异步电动机的拆卸。

2. 学生分组进行三相异步电动机的装配。

 **知识拓展**

三相交流异步电动机的拆装注意事项

① 拆移电机后，电机底座垫片要按原位摆放固定好，以免增加钳工对中的工作量。

② 拆、装转子时，一定要遵守要点的要求，不得损伤绕组，拆前、装后均应测试绕组绝缘及绕组通路。

③ 拆、装时不能用手锤直接敲击零件，应垫铜、铝棒或硬木，对称敲击。

④ 装端盖前应用粗铜丝，从轴承装配孔伸入钩住内轴承盖，以便于装配外轴承盖。

⑤ 用热套法装轴承时，只要温度超过 100℃，应停止加热，工作现场应放置 1211 灭火器。

⑥ 清洗电机及轴承的清洗剂（汽、煤油）不准随便乱倒，必须倒入污油井。

⑦ 检修场地需打扫干净。

任务四　三相异步电动机的使用、维护和检修

学习知识要点：

1. 掌握三相异步电动机维护方法；

2. 掌握三相异步电动机的故障检测方法。

职业技能要点：

1. 能对三相异步电动机进行日常维护；

2. 能对三相异步电动机的故障进行检测和维修。

 任务描述

电动机使用前应进行安装，安装前应检查电动机功率、型号、电压等是否符合要求，检查电动机外壳有无损伤，用万用表检查三相绕组是否断路，用兆欧表测量各相绕组之间及各相绕组与电机外壳之间的绝缘电阻是否符合要求。三相异步电动机如何进行日常维护？如何对三相异步电动机的故障进行检测和维修？本任务将详细讲解三相异步电动机的维护方法及故障检修方法。

任务分析

本任务主要通过对三相异步电动机的维护方法及故障检修方法的学习，要求学生能对三相异步电动机进行日常维护，能对三相异步电动机的故障进行检测和维修。

任务资讯

一、正确使用三相异步电动机

1. 电动机的选择原则

合理选择电动机是正确使用电动机的前提。电动机品种繁多，性能各异，选择时要全面考虑电源、负载、使用环境等诸多因素。对于与电动机使用相配套的控制电器和保护电器的选择也是同样重要的。

① 类型的选择。异步电动机有笼形和线绕式两种。笼形电动机结构简单、维修容易、价格低廉，但启动性能较差，一般空载或轻载启动的生产机械方可选用。线绕式电动机启动转矩大、启动电流小，但结构复杂，启动和维护较麻烦，只用于需要大启动转矩的场合，如起重设备等；此外还可以用于需要适当调速的机械设备。

② 转速的选择。异步电动机的转速接近同步转速，而同步转速（磁场转速）是以磁极对数 P 来分挡的，在两挡之间的转速是没有的。电动机转速选择的原则是使其尽可能接近生产机械的转速，以简化传动装置。

③ 容量的选择。电动机容量（功率）大小的选择，是由生产机械决定的，也就是说，由负载所需的功率决定的。例如，某台离心泵，根据它的流量、扬程、转速、水泵效率等，计算它的容量为 39.2kW，这样根据计算功率，在产品目录中寻找一台转速与生产机械相同的 40kW 电动机即可。

2. 电动机的安装原则

若安装电动机的场所选择的不好，不但会使电动机的寿命大大缩短，也会引起故障，还会损坏周围的设备，甚至危及操作人员的生命安全，因此，必须慎重考虑安装场所。

电动机的安装应遵循如下原则：

① 有大量尘埃、爆炸性或腐蚀性气体、环境温度 40℃ 以上以及水中作业等场所，应该选择具有合适防护型式的电动机。

② 一般场所安装电动机，要注意防止潮气，不得已的情况下要抬高基础，安装换气扇排潮。

③ 通风条件要良好。环境温度过高会降低电动机的效率，甚至使电动机过热烧毁。

④ 灰尘少。灰尘过多会附在电动机的线圈上，使电动机绝缘电阻降低、冷却效果恶化。

⑤ 安装地点要便于对电动机的维护、检查。

3. 电动机的接地装置

电动机的绝缘如果损坏，运行中机壳就会带电。一旦机壳带电而电动机又没有良好的接地装置，当操作人员接触到机壳时，就会发生触电事故。因此，电动机的安装、使用一定要有接地保护。对于电源中性点直接接地系统，采用保护接中性线，在电动机密集地区应将中性线重复接地。对于电源中性点不接地系统，应采用保护接地。

接地装置包括接地极和接地线两部分。接地极通常用钢管或角钢等制成。钢管直径尺寸多为 $\phi50mm$，角钢尺寸多为 $45mm \times 45mm$，长度为 $2.5m$。接地极应垂直埋入地下，每隔 $5m$ 打一根，其上端离地面的深度不应小于 $0.5 \sim 0.8m$，接地极之间用 $5mm \times 50mm$ 的扁钢焊接。

接地线最好用裸铜线，截面积不小于 $16mm^2$。接地线一端固定在机壳上，另一端和接地极焊牢。容量 $100kW$ 以下的电动机保护接地，其电阻不应大于 10Ω。

小提醒

下列情况可以省略接地：

① 设备的电压在 $150V$ 以下。

② 设备置于干燥的木板地上或绝缘性能较好的物体上。

③ 金属体和大地之间的电阻在 100Ω 以下时。

4. 开车前的检查

对新安装或停用三个月以上的电动机，在开车前必须按使用条件进行必要的检查，检查合格方能通电运行。应检查的项目如下。

① 检查电动机绕组绝缘电阻。对额定电压在 $380V$ 及以下的电动机，三相定子绕组对地绝缘电阻和相间绝缘电阻，不应小于 $0.5M\Omega$。如果绝缘电阻偏低，应进行烘烤后再测。

② 检查电动机的连接、所用电源电压是否与铭牌规定符合。

③ 对反向运行可能损坏设备的单相运转电动机，必须首先判断通电后的可能旋转方向。判断方法是在电动机与生产机械连接之前通电检查，并按正确转向连接电源线，此后不得再更换电源相序。

④ 检查电动机的启动、保护设备是否符合要求。检查内容包括：启动、保护设备的规格是否与电动机配套，接线是否正确；所装熔体规格是否恰当，熔断器安装是否牢固；这些设备和电动机外壳是否妥善接地。

⑤ 检查电动机的安装情况。检查电动机端盖螺丝、地脚螺丝、与联轴器连接的螺钉和销子是否紧固，松紧度是否合适，联轴器或皮带轮中心线是否校准；机组的转子是否灵活，有无非正常的摩擦、卡塞、窜动和异响等。

5. 启动注意事项

电动机启动时的注意事项如下。

① 通电后如电动机不转或转速很低或有"嗡嗡"声，必须迅速拉闸断电，否则会导致电动机烧毁，甚至危及电路及其他设备。断电后，查明电动机不能启动的原因，排除故障后再重新试车。

② 电动机启动后，留心观察电动机、传动机构、生产机械等的动作状态是否正常，电流、电压表是否符合要求。如有异常，应立即停机，检查并排除故障后重新启动。

③ 注意限制启动电流次数。因为启动电流很大，若连续启动次数太多，可能损坏绕组。

④ 通过同一电网供电的几台电动机，尽可能避免同时启动，最好按容量不同，从大到小逐一启动。因同时启动的大电流将使电网电压严重下跌，不仅不利于电动机的启动，还会影响电网对其他设备的正常供电。

6. 电动机运行中的检查

电动机运行中的检查事项如下。

① 电动机在正常运行时的温度不应超过允许的限度。运行时，值班人员应经常注意监视各部位的温升情况。

② 监视电动机负载电流。电动机过载或发生故障时，都会引起定子电流剧增，使电动机过热。电气设备都应有电流表监视电动机负载电流，正常运行的电动机负载电流不应超过铭牌上所规定的额定电流值。

③ 监视电源电压、频率的变化和电压的不平衡度。电源电压和频率的过高或过低，三相电压的不平衡都会造成电流不平衡，都可能引起电动机过热或其他不正常现象。电流不平衡度不应超过 10%。

④ 注意电动机的气味、振动和噪声。绕组因温度过高就会发出绝缘焦味。有些故障，特别是机械故障，很快会反映为振动和噪声，因此在闻到焦味或发现不正常的振动或碰擦声，特大的"嘞嘞"声或其他杂音时，应立即停电检查。

⑤ 经常检查轴承发热、漏油情况，定期更换润滑油，滚动轴承滑脂不宜超过轴承室容积的 70%。

⑥ 对绕线型转子电动机，应检查电刷与集电环间的接触、电刷磨损以及火花情况，如火花严重必须及时清理集电环表面，并校正电刷弹簧压力。

⑦ 注意保持电动机内部清洁，不允许有水滴、油污以及杂物等落入电动机内部。电动机的进风口必须保持畅通无阻。

二、交流电动机的定期检查和保养

电动机除了在运行中应进行必要的维护外，无论是否出现故障，都应定期维修。这是消除隐患、减少和防止故障发生的重要措施。定期维修分为小修和大修两种。小修只做一般检查，对电动机和附属设备不做大的拆卸，大约每半年或更短的时间进行一次；大修则应全面解体检查，大约一年进行一次。

（1）定期小修项目

每月应该定期进行下列检查与维修：

① 测量电动机的绝缘电阻。

② 检查接地是否安全。

③ 检查润滑油、润滑脂的消耗程度和变质情况。

④ 检查电刷的磨损情况。

⑤ 检查各个紧固螺钉是否松动。

⑥ 是否有损坏的部件。

⑦ 接线有没有损伤。

⑧ 清除设备上的灰尘和油泥。

（2）定期大小修项目

电动机最好每年要大修一次，大修的目的在于对电动机进行一次全面、彻底的检查与维护，发现问题，及时处理。主要工作有以下几方面：

① 轴承的精密度检查。

② 电动机静止部分的检查。

③ 电动机转动部分的检查。

④ 若发现较多问题，则应该拆开电动机进行全面的修理或更换电动机。

三、三相异步电动机的常见故障及处理方法

电动机的故障，有机械故障和电气故障两个方面。三相笼形转子异步电动机是所有电动机中工作最可靠、最耐用的电动机。它的转子电路发生故障的概率较少，定子电路发生故障的概率较多，但不外乎是断路或短路两种情况。下面把三相异步电动机的常见故障和检查处理方法列于表 5-5 中，供应用时参考。

表 5-5　三相异步电动机的常见故障和检查处理方法

故　　障	可能的原因	检查和处理方法
不能启动	(1) 电源电路有断开处； (2) 定子绕组中有断路处； (3) 绕线式转子及其外部电路有断路处	(1) 检查电源是否有电，熔断丝是否烧断，电源开关接触是否良好，电动机接线板上的接线头是否松脱； (2) 在断开电源的情况下，使用万用表检查定子绕组有无断路处； (3) 用万用表检查转子绕组及其外部电路，并检查各连接点的接触是否紧密
电源接通后，电动机尚未启动，熔断丝即烧断	(1) 定子电路中有一相对地短路； (2) 熔丝过细； (3) 应该丫连接的电动机错接成△； (4) 绕线式电动机的启动变阻器手柄放在运行位置	(1) 接通开关熔丝立即烧断，大多是接地或短路故障，可用兆欧表检查； (2) 改用较大额定电流的熔丝； (3) 改正接法； (4) 把启动变阻器的手柄旋至启动位置
空载运行正常，加上负载后转速即降低或停转	(1) 应该△接法的电动机错接成丫； (2) 电动机的电压过低； (3) 转子铜条有断裂处； (4) 负载太大	(1) 改正接法； (2) 恢复电动机的电压到额定值； (3) 取出转子修理； (4) 适当减轻负载
电动机运行时有较大的"嗡嗡"声，且电流超过额定值较多	(1) 定子绕组有一相断路； (2) 定子绕组有短路处	(1) 检查电动机的熔丝，是否有一相断开； (2) 断开电源，使用兆欧表检查
电动机有不正常的振动和响声	(1) 电动机的地基不平； (2) 电动机的联轴器松动； (3) 轴承磨损松动，造成定转子相擦	(1) 改善电动机的安装条件； (2) 停车检查，拧紧螺丝； (3) 更换轴承

续表

故　　障	可能的原因	检查和处理方法
电动机的温度过高	(1) 电动机过载； (2) 电动机通风不好； (3) 电源电压过高或过低； (4) 定子绕组中有短路； (5) 电动机单相运行； (6) 定、转子铁芯相擦	(1) 适当减小负载； (2) 电动机的风扇是否脱落，通风孔道是否堵塞，电动机附近是否堆放有杂物，影响空气对流通畅； (3) 改善电动机的电压； (4)、(5)、(6) 可看上面的处理方法
轴承温度过高	(1) 传送带过紧； (2) 滚动轴承的轴承室中严重缺少润滑油； (3) 油质太差	(1) 适当调整带的松紧程度； (2) 拆下轴承盖，加黄油到 2/3 油室； (3) 调换好的润滑油脂
电动机外壳带电	(1) 接地不良或接地电阻太大； (2) 绕组受潮； (3) 绝缘损坏，引起碰壳	(1) 按规定接好地线，排除接地不良故障； (2) 进行烘干处理； (3) 浸漆修补绝缘，重接引线

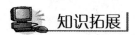

任务实施

1. 学生分组对三相异步电动机的故障进行检测。
2. 学生分组对三相异步电动机的故障进行维修。

知识拓展

三相异步电动机维护保养

一、启动前的准备和检查

① 检查电动及启动设备接地是否可靠和完整，接线是否正确与良好。

② 检查电动机铭牌所示电压、频率与电源电压、频率是否相符。

③ 新安装或长期停用的电动机启动前应检查绕组相对相、相对地绝缘电阻。绝缘地组的电阻值应大于 $0.5M\Omega$，如果低于此值，须将绕组烘干。

④ 对绕线型转子应检查其集电环上的电刷装置是否能正常工作，电刷压力是否符合要求。

⑤ 检查电动机转动是否灵活，滑动轴承内的油是否达到规定油位。

⑥ 检查电动机所用熔断器的额定电流是否符合要求。

⑦ 检查电动机各紧固螺栓及安装螺栓是否拧紧。

上述各检查全部达到要求后，可启动电动机。电动机启动后，空载运行 30min 左右，注意观察电动机是否有异常现象，如发现噪声、振动、发热等不正常情况，应采取措施，待情况消除后，才能投入运行。

启动绕线型电动机时，应将启动变阻器接入转子电路中。对有电刷提升机构的电动机，应放下电刷，并断开短路装置，合上定子电路开关，扳动变阻器。当电动机接近额定转速时，提起电刷，合上短路装置，电动机启动完毕。

二、维护

① 电动机应经常保持清洁，不允许有杂物进入电动机内部；进风口和出风口必须保持畅通。

② 用仪表监视电源电压、频率及电动机的负载电流。电源电压、频率要符合电动机铭牌数据，电动机负载电流不得超过铭牌上的规定值，否则要查明原因，采取措施，不良情况消除后方能继续运行。

③ 采取必要手段检测电动机各部位温升。

④ 对于绕相型转子电机，应经常注意电刷与集电环间的接触压力、磨损及火花情况。电动机停转时，应断开定子电路内的开关，然后将电刷提升机构扳到启动位置，断开短路装置。

⑤ 电动机运行后定期维修，一般分小修、大修两种。小修属一般检修，对电动机启动设备及整体不做大的拆卸，约一季度一次；大修要将所有传动装置及电动机的所有零部件都拆卸下来，并将拆卸的零部件做全面的检查及清洗，一般一年一次。

技能训练一：三相异步电动机的拆装

一、训练目的

1. 掌握中小型三相异步电动机的拆卸方法；
2. 掌握三相异步电动机的安装方法。

二、工具器材

拉钩、油盘、活扳手、榔头、螺丝刀、紫铜棒、钢套筒、毛刷。

三、训练步骤及内容

（1）按三相异步电动机的拆卸顺序拆卸中小型三相异步电动机。

（2）对电动机转子轴承洗油，对滚动轴承上润滑脂。

（3）按三相异步电动机装配顺序进行装配。

（4）电动机装配后进行检验。

① 机械性检查；

② 测量绝缘电阻；

③ 测量电动机的空载电流、三相电流；

④ 通电观察电动机的运转情况；

⑤ 详细记录上述检查的现象和数据。

技能训练二：三相异步电动机定子绕组的重绕

一、训练目的

1. 学会记录电动机的原始数据。
2. 掌握旧绕组的拆除工艺。
3. 掌握定子绕组的重绕工艺。
4. 学会绕组浸漆和烘烤工艺。
5. 学会绕组嵌入工艺和通电检验方法。

二、工具器材

绕线机、钢丝钳、线滚架、绕线模、剪刀、压线板、裁纸刀、穿针、木榔头、烙铁、漆包线、聚脂薄膜复合绝缘纸、黄蜡管、绝缘漆。

三、训练步骤与内容

1. 记录原始数据

（1）电动机铭牌数据。
（2）定子绕组数据：电动机绕组每槽的匝数，导线规格，绕组线圈跨距，绕组的连线方式。
（3）铁芯数据：槽数，铁芯外径和内径尺寸，长度，槽形。

2. 拆除旧绕组

（略）。

3. 绕制线圈

（1）简易绕线模的制作。
（2）绕制线圈。

4. 嵌线与接线

（1）嵌线。
（2）接线及恢复绝缘。

5. 嵌线质量的检查

（1）外表检查：绝缘纸、绕组端部排列是否整齐有序；绝缘恢复是否符合要求，相间绝缘垫得是否可靠，端部绑扎是否牢固等。

（2）绕组接线顺序检查。

（3）测量线圈直流电阻。

（4）测量绝缘电阻：测量绕组相间绝缘值，测量绕组对地绝缘值。

6．浸漆与烘干

（略）。

7．通电检验

（1）测量电动机的空载电流。

（2）测量电动机的转速。

（3）测量电动机的温升情况。

（4）观察电动机的振动情况。

项目六

变压器的检修与维护

变压器是一种静止的电气设备，能够把某一电压等级的交流电能转换成同频率的另一电压等级的交流电能，其工作原理是基于电磁感应原理。

在电力工业中，为了减少输电电路上的电能损耗，一般采用高压（110～220kV）、超高压（330～500kV）或特高压（1000kV 及以上）输送电能。也就是说，电能从发电机发出后，通过升压变压器升压后输送到电网，再经过降压变压器降低电压后才送至用户。

任务一　变压器的分类和原理

学习知识要点：

1. 掌握变压器的概念、分类和用途；
2. 熟练掌握变压器电压比的计算。

职业技能要点：

掌握变压器的工作原理。

 任务描述

随着社会的发展，我们对更多购物区、地铁车站、工业综合性建筑、商业区和有大量人口的高密度住宅区等基础设施的需求产生了更多的压力。这就需要采用更复杂的配电电网来改善生活和工作在这些区域中的人们的安全性。变压器是根据电磁感应定律，将交流电变换为同频率、不同电压交流电的非旋转式电机。变压器如何分类？它的用途有哪些？本任务将详细讲解变压器的分类及原理。

任务分析

本任务通过图片演示和实物讲解，要求学生掌握变压器的工作原理及用途。

任务资讯

一、变压器的分类和用途

1. 按相数分

① 单相变压器：用于单相负荷和三相变压器组。
② 三相变压器：用于三相系统的升、降电压。

2. 按冷却方式分

① 干式变压器：依靠空气对流进行自然冷却或增加风机冷却，多用于高层建筑、高速收费站点用电及局部照明、电子电路等小容量变压器。
② 油浸式变压器：依靠油作冷却介质，如油浸自冷、油浸风冷、油浸水冷、强迫油循环等。

3. 按用途分

① 电力变压器：用于输配电系统的升、降电压。
② 仪用变压器：如电压互感器、电流互感器，用于测量仪表和继电保护装置。
③ 试验变压器：能产生高压，对电气设备进行高压试验。
④ 特种变压器：如电炉变压器、整流变压器、调整变压器、电容式变压器、移相变压器等。

4. 按绕组形式分

① 双绕组变压器：用于连接电力系统中的两个电压等级。
② 三绕组变压器：一般用于电力系统区域变电站中，连接三个电压等级。
③ 自耦变电器：用于连接不同电压的电力系统，也可作为普通的升压或降后变压器用。

5. 按铁芯形式分

① 芯式变压器：用于高压的电力变压器。
② 非晶合金变压器：非晶合金铁芯变压器是用新型导磁材料，空载电流下降约 80%，是节能效果较理想的配电变压器，特别适用于农村电网和发展中地区等负载率较低地方。
③ 壳式变压器：用于大电流的特殊变压器，如电炉变压器、电焊变压器，或用于电子仪器及电视、收音机等的电源变压器。

在电器设备和无线电路中，变压器常用于升降电压、匹配阻抗、安全隔离等。在发电机中，不管是线圈运动通过磁场或磁场运动通过固定线圈，均能在线圈中感应电势。此两种情况，磁通的值均不变，但与线圈相交链的磁通数量却有变动，这是互感应的原理。变压器就是一种利用电磁互感应变换电压、电流和阻抗的器件。

二、变压器的原理

变压器（Transformer）是变换交流电压、交变电流和阻抗的器件，当初级线圈中通有交流电流时，铁芯（或磁芯）中便产生交流磁通，使次级线圈中感应出电压（或电流）。

主要构件是初级线圈、次级线圈和铁芯（磁芯）。线圈有两个或两个以上的绕组，其中接电源的绕组叫初级线圈，其余的绕组叫次级线圈。主要功能有：电压变换、电流变换、阻抗变换、隔离、稳压（磁饱和变压器）等。变压器实物如图 6-1（a）所示，原理图如图 6-1（b）所示。

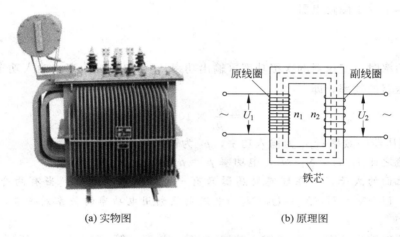

(a) 实物图　　　　　　　　　　(b) 原理图

图 6-1　变压器的实物与原理图

三、变压器的铭牌参数

1. 工作频率

变压器铁芯损耗与频率关系很大，故应根据使用频率来设计和使用，这种频率称工作频率。

2. 额定功率

在规定的频率和电压下，变压器能长期工作，而不超过规定温升的输出功率。

3. 额定电压

指在变压器的线圈上所允许施加的电压，工作时不得大于规定值。

4. 电压比

指变压器初级电压和次级电压的比值，有空载电压比和负载电压比的区别。

变压器两组线圈圈数分别为 N_1 和 N_2，N_1 为初级，N_2 为次级。在初级线圈上加一交流电压，在次级线圈两端就会产生感应电动势。当 $N_2 > N_1$ 时，其感应电动势要比初级所加的电压还要高，这种变压器称为升压变压器；当 $N_2 < N_1$ 时，其感应电动势低于初级电压，这种变压器称为降压变压器。初级、次级电压和线圈圈数间具有下列关系：

$$n = U_1/U_2 = N_1/N_2$$

式中，n 称为电压比（圈数比），当 $n > 1$ 时，则 $N_1 > N_2$，$U_1 > U_2$，该变压器为降压变压器；反之则为升压变压器。

5. 空载电流

变压器次级开路时，初级仍有一定的电流，这部分电流称为空载电流。空载电流由磁化电流（产生磁通）和铁损电流（由铁芯损耗引起）组成。对于 $50\,Hz$ 电源变压器而言，空载电流基本上等于磁化电流。

6. 效率

在额定功率时，变压器的次级功率（输出功率）p_2 和初级功率（输入功率）p_1 的比值，叫作变压器的效率，即

$$\eta = \frac{p_2}{p_1} \times 100\%$$

式中，η 为变压器的效率；p_1 为输入功率，p_2 为输出功率。

另有电流之比 $I_1/I_2 = N_2/N_1$，电功率 $p_1 = p_2$。

注意：上面的式子，只在理想变压器只有一个副线圈时成立。当有两个副线圈时，$p_1 = p_2 + p_3$，$U_1/N_1 = U_2/N_2 = U_3/N_3$，电流则须利用电功率的关系式去求，有多个时，依此类推。

当变压器的输出功率 p_2 等于输入功率 p_1 时，效率 η 等于 100%，变压器将不产生任何损耗。但实际上这种变压器是没有的。变压器传输电能时总要产生损耗，这种损耗主要有铜损和铁损。

7. 空载损耗

空载损耗指变压器次级开路时，在初级测得的功率损耗，主要损耗是铁芯损耗。

铜损是指变压器线圈电阻所引起的损耗。当电流通过线圈电阻发热时，一部分电能就转变为热能而损耗；由于线圈一般都由带绝缘的铜线缠绕而成，因此称为铜损。

变压器的铁损包括两个方面：一是磁滞损耗，二是涡流损耗。当交流电流通过变压器时，通过变压器硅钢片的磁力线，其方向和大小随电流而变化，使得硅钢片内部分子相互摩擦，放出热能，从而损耗了一部分电能，这便是磁滞损耗。当变压器工作时，铁芯中有磁力线穿过，在与磁力线垂直的平面上就会产生感应电流，由于此电流自成闭合回路形成环流，且成旋涡状，故称为涡流。涡流的存在使铁芯发热，消耗能量，这种损耗称为涡流损耗。

变压器的效率与变压器的功率等级有密切关系，通常功率越大，损耗与输出功率就越小，效率也就越高；反之，功率越小，效率也就越低。

8. 绝缘电阻

绝缘电阻表示变压器各线圈之间、各线圈与铁芯之间的绝缘性能。绝缘电阻的高低与

所使用的绝缘材料的性能、温度高低和潮湿程度有关。

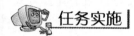 **任务实施**

学生分组练习：

1. 能根据要求选择合适的变压器。
2. 能正确分析变压器的铭牌参数。

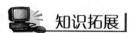 **知识拓展**

变压器的技术参数

初级电压：440V/415V/380V/220V/200V（客户指定）。

次级电压：380V/220V/200V/110V/100V/36V/24V/12V/6.3V/3.6V（客户指定）。

工作频率：50/60Hz。

绝缘等级：T40/B（130℃），T40/F（155℃），T40/H（180℃）@50Hz&额定电流。

抗电强度：P-S 2500V/1min 无击穿及闪络，P-E 2500V/1min 无击穿及闪络。

绝缘电阻：≥100MΩ。

冷却方式：空气自冷（风冷）。

连接方式：Y/Y Y/△ △/Y客户指定。

温升限值：铁芯不超过 80K（温度计法），线圈温升不超过 80K（铂电阻法）。

工作噪声：小于 60dB（与变压器水平距离点 1m 处测得）。

任务二　变压器的结构与绕组连接

学习知识要点：

1. 了解变压器的结构组成；
2. 掌握同名端、异名端的概念。

职业技能要点：

1. 掌握已知绕组绕向和绕组的绕向不明两种情况下变压器绕组的极性测定；
2. 掌握三相变压器绕组的连接方法。

 **任务描述**

变压器极性是用来标志在同一时刻初级绕组的线圈端头与次级绕组的线圈端头彼此电位的相对关系。因为电动势的大小与方向随时变化，所以在某一时刻，初、次级两线圈必定会出现同时为高电位的两个端头，和同时为低电位的两个端头，这种同时刻为高的对应

端叫变压器的同极性端，有时也叫同名端。由此可见，变压器的极性决定于线圈绕向，绕向改变了，极性也改变。在实际应用中，变压器的极性如何测定？变压器绕组的连接方式又是怎样的？

任务分析

通过绕制三相变压器，要求学生掌握变压器的结构，同时能对变压器的绕组进行极性测定。

一、变压器的结构

中小型变压器由下列一些部分组成：

$$
变压器 \begin{cases} 器身 \begin{cases} 铁芯 \\ 绕组 \\ 绝缘 \\ 引线 \end{cases} \\ 调压装置：无励磁开关、有载分接开关油箱及冷却装置 \\ 保护装置：包括储油柜、压力释放阀、吸湿器、气体继电器、 \\ \qquad\qquad 净油器、油位计及测温装置等 \\ 出线套管 \\ 变压器油 \end{cases}
$$

变压器的结构如图 6-2 所示。

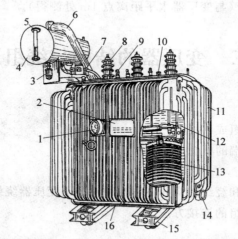

1—信号式温度计；2—铭牌；3—吸湿器；4—储油柜(油枕)；
5—油面指示器(油标)；6—安全气管(防爆管)；
7—气体继电器；8—高压套管；9—低压套管；
10—分接开关；11—油箱；12—铁芯；13—绕组及绝缘；
14—放油阀；15—小车；16—接地端子

图 6-2　变压器的结构

铁芯和绕组是变压器的最基本组成部分，此外还有一些辅助部件。

① 铁芯　是变压器电磁感应的通路，由硅钢片叠装而成，采用硅钢片叠装可以减少涡流，变压器的一、二次绕组（即初、次级绕组）都绕在铁芯上。

② 绕组　绕组是变压器的电路部分，分为高压绕组（一次绕组）和低压绕组（二次绕组），绕组由绝缘的铜线和铝线绕成的多层线圈构成，套装在铁芯上。

③ 油箱　是变压器的外壳，内装铁芯、绕组和变压器油，起一定的散热作用。

④ 储油柜　当变压器的体积随温度的变化而膨胀或缩小时，储油柜起着储油或补油的作用，以保证油箱内充满油，减少与空气的接触面，防止油被氧化和受潮。

⑤ 吸湿器　储油柜内的油通过吸湿器与空气相同。

⑥ 散热器　用来降低变压器的温度。为提高变压器油冷却效果，可采用风冷、强（迫）油（循环）风冷和强油水冷等措施。

⑦ 安全气道　当变压器内部有故障、油温升高、油剧烈分解产生大量气体使油箱内压力剧增时，会将安全气道的玻璃冲碎，从而避免油箱爆炸或变形。

⑧ 高低压绝缘套管（瓷套管）　是将变压器高、低压引线引至油箱外部的绝缘装置，也起固定引线的作用。

⑨ 分接开关　双绕组变压器的一次绕组，以及三绕组变压器的一、二次绕组一般都留有 3～5 个分接头装置，通过分接开关调整电压比。

⑩ 气体继电器　装在变压器油箱和储油柜的连接管上，是变压器的主要保护装置，变压器内部发生故障时，能使断路器掉闸发出信号。

⑪ 附件　包括温度计、净油器、油位计等。

二、变压器绕组的极性测定

变压器的同一相高、低压绕组都是绕在同一铁芯柱上，并被同一主磁通链绕，当主磁通交变时，在高、低压绕组中感应的电势之间存在一定的极性关系。

在任一瞬间，高压绕组的某一端的电位为正时，低压绕组也有一端的电位为正，这两个绕组间同极性的一端称为同名端，记作"·"，反之则为异名端，记作"—"。

为了能够正确连接两个绕组，必须事先判明两个绕组的极性，并在电路上做一标记。极性的判定有下列两种情况。

1. 已知绕组绕向

如果上述两个副绕组的绕向已知，如图 6-3 所示。其极性判别方法是：设有一个交变磁通 ϕ 通过铁芯，并任意假定其参考方向，根据右螺旋定则，判断出两个绕组中产生的感应磁通势 e_1 和 e_2 的参考方向。任一瞬时这两个绕组都是一端电位高，另一端电位低，这同时电位高（或同时电位低）的两个端点就是同极性端。通常在同极性端旁标注以相同的符号，如"·"或"＊"。因此在图 6-3（a）中，1 端和 3 端是同极性端，当然，2 端和 4 端也是同极性端。

同极性端与绕组的绕向有关，如图 6-3（b）所示。一个绕组改变了绕向，可判断出 e_1 和 e_2 的参考方向，所以 1 端和 3 端就不再是同极性端，而是异极性端了。

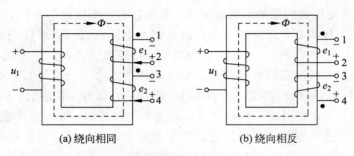

图 6-3　已知绕向绕组极性的判别

2．绕组的绕向不明

对于已制成的变压器，如果引出线上没有标明极性，并且由于经过浸漆或其他工艺处理，从外面也无法辨认绕组的方向，这时就要用实验的方法测定绕组的同极性端。

（1）交流法

测定绕组极性的交流法如图 6-4 所示。将两个绕组的任两端（例如 2 和 4 端）连接在一起（串联），在其中一个绕组的两端（例如 1 和 2 端）加一比较低且便于测量的交流电压，用交流电压表测 1 端、2 端的电压 U_{12} 和 U_{34}，以及 1、3 端电压 U_{13}。如果 U_{13} 的数值等于 U_{12} 和 U_{34} 两个数值之差（$U_{13} = U_{12} - U_{34}$），则 U_{12} 和 U_{34} 是同相的，则 1 端和 3 端是同极性端，2 端和 4 端是同极性端；1 端和 4 端或 2 端和 3 端是异极性端。反之，如果 U_{13} 是两个绕组电压数值之和，则 1 端和 4 端、2 端和 3 端都是同极性端；1 端和 3 端、2 端和 4 端都是异极性端。

（2）直流法

测定绕组极性的直流法如图 6-5 所示。将一个绕组通过开关 S 接至直流电源上，另一绕组两端接一个电流表。如果在闭合开关 S 瞬间电流表的指针正向偏转，则 1 端和 3 端是同极性端；如果电流表指针反向偏转，则 1 端和 3 端是异极性端。这是因为当开关 S 闭合时，1-2 绕组中的电流有 1 端向 2 端并逐渐增大，根据楞次定律，1-2 绕组中感应磁通势的实际方向与其中电流方向相反。指针正指表明 6-5 绕组中的电流是由 4 端流向 3 端，绕组中感应磁通势的实际方向与电流方向是一致的，也是由 4 端指向 3 端。

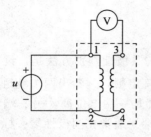

图 6-4　交流法测定绕组极性

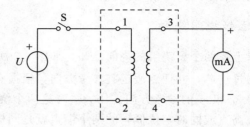

图 6-5　直流法测定绕组极性

3．三相变压器绕组的连接

三相电力变压器高、低压绕组的出线端都分别给予标记，以供正确连接及使用变压器。其出线端标记见表 6-1。

表 6-1　绕组的首端和末端的标记

绕组名称	单相变压器		三相变压器		中性点
	首端	末端	首端	末端	
高压绕组	U_1	U_2	U_1、V_1、W_1	U_2、V_2、W_2	N
低压绕组	u_1	u_2	u_1、v_1、w_1	u_2、v_2、w_2	n
中压绕组	U_{1m}	U_{2m}	U_{1m}、V_{1m}、W_{1m}	U_{2m}、V_{2m}、W_{2m}	N_m

在三相电力变压器中，不论是高压绕组，还是低压绕组，我国均采用星形连接及三角形连接两种连接方法。

星形连接是把三相绕组的末端 U_2、V_2、W_2（或 u_2、v_2、w_2）连接在一起，而把它们的首端 U_1、V_1、W_1（或 u_1、v_1、w_1）分别用导线引出，如图 6-6（a）所示。

三角形连接是把一相绕组的末端和另一相绕组的首端连在一起，顺次连接成一个闭合回路，然后从首端 U_1、V_1、W_1（或 u_1、v_1、w_1）用导线引出，如图 6-6（b）及（c）所示。其中图 6-6（b）所示的三相绕组按 U_2W_1、W_2V_1、V_2U_1 的次序连接，称为逆序（逆时针）三角形连接。而图 6-6（c）所示的三相绕组按 U_2V_1、W_2U_1、V_2W_1 的次序连接，称为顺序（顺时针）三角形连接。

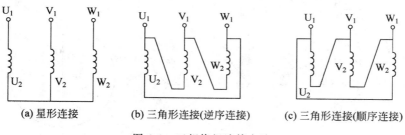

(a) 星形连接　　　　(b) 三角形连接(逆序连接)　　　(c) 三角形连接(顺序连接)

图 6-6　三相绕组连接方法

三相变压器高、低压绕组用星形连接和三角形连接时，在旧的国家标准中分别用 Y 和 △ 表示。新的国家标准规定：高压绕组星形连接用 Y 表示，三角形连接用 D 表示，中性线用 N 表示。低压绕组星形连接用 y 表示，三角形连接用 d 表示，中性线用 n 表示。

三相变压器一、二次绕组不同接法的组合形式有：Y，y；YN，d；Y，d；Y，yn；D，y；D，d 等。其中，最常用的组合形式有三种，即 Y，yn；YN，d 和 Y，d。不同形式的组合，各有优缺点。对于高压绕组来说，接成星形最为有利，因为它的相电压只有线电压的 $1/\sqrt{3}$，当中性点引出接地时，绕组对地的绝缘要求降低了。大电流的低压绕组，采用三角形连接可以使导线截面比星形连接时小 $1/\sqrt{3}$，方便于绕制，所以大容量的变压器通常采用 Y，d 或 YN，d 连接。容量不太大而且需要中性线的变压器，广泛采用 Y，yn 连接，以适应照明与动力混合负载需要的两种电压。

上述各种接法中，一次绕组线电压与二次绕组线电压之间的相位关系是不同的，这就是所谓三相变压器的连接组别。三相变压器连接组别不仅与绕组的绕向和首末端的标记有关，而且还与三相绕组的连接方式有关。理论与实践证明，无论怎样连接，一、二次绕组线电动势的相位差总是 30°的整数倍。因此，国际上规定，标志三相变压器一、二次绕组线电动势的相位关系用时钟表示法，即规定一次绕组线电势 E_{UV} 为长针，永远指向钟面上的"12"；二次绕组线电势 E_{vu} 为短针，它指向钟面上的哪个数字，该数字则为该三相变压器连接组别的标号。现就 Y，y 连接和 Y，d 连接的变压器分别加以分析。

4. Y, y 连接组

如图 6-7（a）所示，变压器一、二次绕组都采用星形连接，且首端为同名端。故一、二次绕组相互对应的相电动势之间相位相同，因此对应的线电动势之间的相位也相同，如图 6-7（b）所示，当一次绕组线电动势 $\dot{E}_{UV}$（长针）指向时钟的"12"时，二次绕组线电动势 $\dot{E}_{UV}$（短针）也指向"12"，这种连接方式称 Y，y0 连接组，如图 6-7（c）所示。

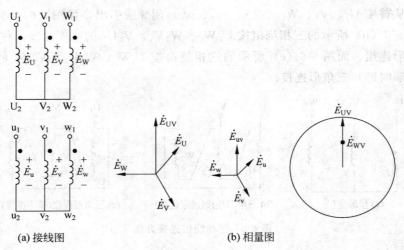

| (a) 接线图 | (b) 相量图 | |

图 6-7　Y，y0 连接组

若在图 6-7 所示连接绕组中，变压器一、二次绕组的首端不是同名端，而是异名端，则一、二次绕组相互对应的电动势相量均反向，$\dot{E}_{UV}$ 将指向时钟的"6"，成为 Y，y6 连接组，如图 6-8 所示。

5. Y, d 连接组

如图 6-9 所示，变压器一次绕组用星形连接，二次绕组用三角形连接，且二次绕组 u 相的首端 u_1 与 v 相的末端 v_2 相连，即如图 6-9（a）所示的逆序连接；如一、二次绕组的首端为同名端，则对应的相量图如图 6-9（b）所示。其中，$\dot{E}_{UV} = -\dot{E}_v$，它超前 $\dot{E}_{UV} 30°$，指向时钟"11"，故为 Y，d11 连接组，如图 6-9（c）所示。

图 6-10 中，变压器一次绕组仍用星形连接，二次绕组仍为三角形连接，但二次绕组

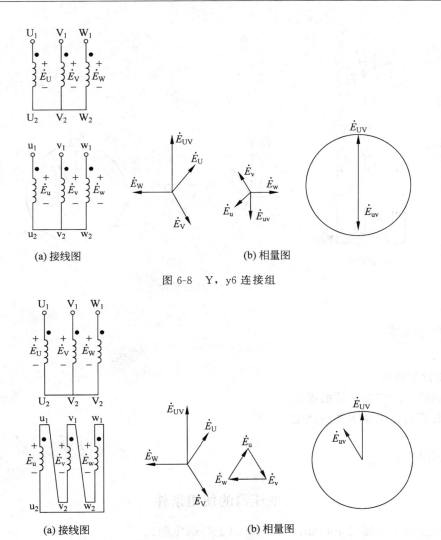

(a) 接线图 　　　　(b) 相量图

图 6-8　Y，y6 连接组

(a) 接线图 　　　　(b) 相量图

图 6-9　Y，d11 连接组

u 相的首端 u_1 与 w 相末端 w_2 相连，即如图 6-10（a）所示的顺序连接；且一、二次绕组的首端为同名端，则对应的相量图如图 6-10（b）所示。其中，$\dot{E}_{UV}$ 就是 $\dot{E}_U$，它滞后 $\dot{E}_{UV}$ 30°，指向时钟"1"，故为 Y，d1 连接组，如图 6-10（c）所示。

　　三相电力变压器的连接组别还有许多种，但实际上为了制造及运行方便的需要，国家标准规定了三相电力变压器只采用五种标准连接组，即 Y，yn0；YN，d11；YN，y0；Y，y0 和 Y，d11。

　　在上述五种连接组中，Y，yn0 连接组是我们经常碰到的，它用于容量不大的三相配电变压器，低压侧电压为 400～230V，用以供给动力和照明的混合负载。一般这种变压器的最大容量为 1800kV·A，高压侧的额定电压不超过 35kV。此外，Y，y0 连接组不能用于三相变压器组，只能用于三铁芯的三相变压器。

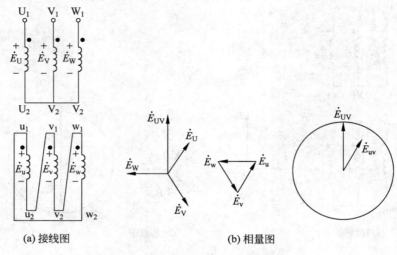

(a) 接线图 (b) 相量图

图 6-10 Y，d1 连接组

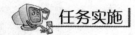 **任务实施**

学生分组练习：

1. 能独立测定变压器的极性。

2. 能正确连接变压器的绕组。

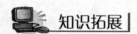 **知识拓展**

变压器的使用条件

1. 海拔高度不超过 1000m；（1000m 以上特殊定制）。

2. 最高环境温度不大于＋40℃，最高月平均温度不大于＋30℃，年平均气温不大于＋20℃，最低气温－5℃。

3. 空气相对湿度不大于 95％。

4. 环境空气中不含有腐蚀金属和破坏绝缘的有害气体或尘埃，使用中不能使变压器受到水、雨雪的侵蚀。

5. 无剧烈震动和冲击振动的地方。

任务三　变压器运行维护

学习知识要点：

1. 掌握变压器运行中的检查方法；

2. 掌握电力变压器运行的故障分析、排除方法。

职业技能要点：

电力变压器运行的故障分析及排除方法。

 任务描述

由于每台变压器负荷大小、冷却条件及季节不同，运行中的变压器不能以上层油温不超过允许值为依据，还应根据以往运行经验及在上述情况下与上次的油温比较。如油温突然增高，则应检查冷却装置是否正常、油循环是否破坏等，来判断变压器内部是否有故障。

任务分析

通过检查故障电力变压器，要求学生掌握变压器运行中的检查方法，并能对变压器进行故障分析和故障排除。

任务资讯

一、运行中的检查

1. 变压器运行中的检查

① 检查变压器上层油温是否超过允许范围。由于每台变压器负荷大小、冷却条件及季节不同，运行中的变压器不能以上层油温不超过允许值为依据，还应根据以往运行经验及在上述情况下与上次的油温比较。如油温突然增高，则应检查冷却装置是否正常、油循环是否破坏等，来判断变压器内部是否有故障。

② 检查油质，应为透明、微带黄色，由此可判断油质的好坏。油面应符合周围温度的标准线，如油面过低应检查变压器是否漏油等。油面过高应检查冷却装置的使用情况，是否有内部故障。

③ 变压器的声音应正常，正常运行时一般有均匀的"嗡嗡"电磁声。如声音有所改变，应细心检查，并迅速汇报值班调度员并请检修单位处理。

④ 应检查套管是否清洁，有无裂纹和放电痕迹，冷却装置应正常，工作、备用电源及油泵应符合运行要求等。

⑤ 天气有变化时，应重点进行特殊检查。大风时，检查引线有无剧烈摆动，变压器顶盖、套管引线处应无杂物；大雪天，各部触点在落雪后，不应立即熔化或有放电现象；大雾天，各部有无火花放电现象等。

2. 变压器维护

① 防止变压器过载运行：如果长期过载运行，会引起线圈发热，使绝缘逐渐老化，造成匝间短路、相间短路或对地短路及油的分解。

② 保证绝缘油质量：变压器绝缘油在贮存、运输或运行维护中，若油质量差或杂质、

水分过多，会降低绝缘强度。当绝缘强度降低到一定值时，变压器就会短路而引起电火花、电弧或出现危险温度。因此，运行中变压器应定期化验油质，不合格的油应及时更换。

③ 防止变压器铁芯绝缘老化损坏：铁芯绝缘老化或夹紧螺栓套管损坏，会使铁芯产生很大的涡流，引起铁芯长期发热造成绝缘老化。

④ 防止检修不慎破坏绝缘：变压器吊芯检修时，应注意保护线圈或绝缘套管，如果发现有擦破损伤，应及时处理。

⑤ 保证导线接触良好：线圈内部接头接触不良，线圈之间的连接点、引至高低压侧套管的接点、以及分接开关上各支点接触不良，会产生局部过热，破坏绝缘，发生短路或断路。此时所产生的高温电弧会使绝缘油分解，产生大量气体，变压器内压力增加。当压力超过瓦斯断电器保护定值而不跳闸时，会发生爆炸。

⑥ 防止电击：电力变压器的电源一般通过架空线而来，而架空线很容易遭受雷击，变压器会因击穿绝缘而烧毁。

⑦ 短路保护要可靠：变压器线圈或负载发生短路，变压器将承受相当大的短路电流，如果保护系统失灵或保护定值过大，就有可能烧毁变压器。为此，必须安装可靠的短路保护装置。

⑧ 保持良好的接地：对于采用保护接零的低压系统，变压器低压侧中性点要直接接地，当三相负载不平衡时，零线上会出现电流。当这一电流过大而接触电阻又较大时，接地点就会出现高温，引燃周围的可燃物质。

⑨ 防止超温：变压器运行时应监视温度的变化。如果变压器线圈导线是 A 级绝缘，其绝缘体以纸和棉纱为主，温度的高低对绝缘和使用寿命的影响很大，所以变压器运行时，一定要保持良好的通风和冷却，必要时可采取强制通风，以达到降低变压器温升的目的。

二、电力变压器运行的故障分析及排除方法

变压器运行中出现的不正常现象：

① 变压器运行中如漏油、油位过高或过低、温度异常、音响不正常及冷却系统不正常等，应设法尽快消除。

② 当变压器的负荷超过允许的正常过负荷值时，应按规定降低变压器的负荷。

③ 变压器内部音响很大，很不正常，有爆裂声；温度异常并不断上升；储油柜或安全气道喷油；严重漏油使油面下降，低于油位计的指示限度；油色变化过快，油内出现碳质；套管有严重的破损和放电现象等，应立即停电修理。

④ 当发现变压器的油温较高时，而其油温所应有的油位显著降低时，应立即加油。加油时应遵守规定，如因大量漏油而使油位迅速下降时，应将瓦斯保护改为只动作于信号，而且必须迅速采取堵塞漏油的措施，并立即加油。

⑤ 变压器油位因温度上升而逐渐升高时，若最高温度时的油位可能高出油位指示计，则应放油，使油位降至适当的高度，以免溢油。

 **知识拓展**

变压器的日常保养方法

一、允许温度

变压器运行时，它的线圈和铁芯产生铜损和铁损，这些损耗变为热能，使变压器的铁芯和线圈温度上升。若温度长时间超过允许值会使绝缘渐渐失去机械弹性而使绝缘老化。

变压器运行时各部分的温度是不相同的，线圈的温度最高，其次是铁芯的温度，绝缘油温度低于线圈和铁芯的温度。变压器的上部油温高于下部油温。变压器运行中的允许温度按上层油温来检查。对于 A 级绝缘的变压器在正常运行中，当周围空气温度最高为 40℃时，变压器绕组的极限工作温度是 105℃。由于绕组的温度比油温度高 10℃，为防止油质劣化，规定变压器上层油温最高不超过 95℃，而在正常情况下，为防止绝缘油过速氧化，上层油温不应超过 85℃。对于采用强迫油循环水冷却和风冷的变压器，上层油温不宜经常超过 75℃。

二、允许温升

只监视变压器运行中的上层油温，还不能保证变压器的安全运行，还必须监视上层油温与冷却空气的温差——即温升。变压器温度与周围空气温度的差值，称为变压器的温升。对 A 级绝缘的变压器，当周围最高温度为 40℃时，国家标准规定绕组的温升为 65℃，上层油温的允许温升为 55℃。只要变压器温升不超过规定值，就能保证变压器在额定负荷下规定的运行年限内安全运行。（变压器在正常运行时带额定负荷可连续运行 20 年）

三、合理容量

在正常运行时，应使变压器承受的用电负荷在变压器额定容量的 75%～90%。

四、电源电压

变压器低压最大不平衡电流不得超过额定值的 25%；变压器电源电压变化允许范围为额定电压的 -5%～5%。如果超过这一范围应采用分接开关进行调整，使电压达到规定范围。通常是改变一次绕组分接抽头的位置实现调压的，连接及切换分接抽头位置的装置叫分接开关，它是通过改变变压器高压绕组的匝数来调整变比的。电压低对变压器本身无影响，只降低一些出力，但对用电设备有影响；电压增高，磁通增加，铁芯饱和，铁芯损耗增加，变压器温度升高。

五、过负荷

过负荷分正常过负荷和事故过负荷两种情况。正常过负荷是在正常供电情况下，用户用电量增加而引起的。它将使变压器温度升高，导致变压器绝缘加速老化，使用寿命降低，因此，一般情况下不允许过负荷运行。特殊情况变压器可在短时间内过负荷运行，但在冬季不得超过额定负荷 30%，夏季不得超过额定负荷的 15%。此外，应根据变压器的温升与制造厂规定来确定变压器的过负荷能力。

当电力系统或用户变电站发生事故时，为保证对重要设备的连续供电，故允许变压器短时间过负荷运行，即事故过负荷。事故过负荷时会引起线圈温度超过允许值，因此对绝缘来讲比正常条件老化要快。但事故过负荷的概率少，在一般情况下变压器都是欠负荷运行，所以短时的过负荷不至于损坏变压器的绝缘。事故过负荷的时间及倍数应根据制造厂规定执行。

任务四　特殊用途的变压器

学习知识要点：

1. 掌握自耦变压器的结构和绕制特点；
2. 掌握互感器的结构和安装方法；
3. 掌握电焊机的结构。

职业技能要点：

根据要求选择合适的变压器。

任务描述

变压器具有变换电压、电流和阻抗的功能，在电力系统和电子电路中得到了广泛的应用。本任务详细介绍几种常见变压器的结构、原理及用途。

任务分析

通过对特殊变压器的拆装实训，要求学生掌握特殊用途变压器的结构和绕制方法，掌握这些变压器的适用场合，并能正确选用特殊用途变压器。

任务资讯

一、自耦变压器

原、副边共用一个绕组的变压器称为自耦变压器。图 6-11 所示是自耦变压器结构示意图。自耦变压器只有一个绕组，或者是原绕组的一部分兼作副绕组用；或者是副绕组的一部分兼作原绕组用。实质上自耦变压器就是利用一个绕组抽头的办法来实现改变电压的一种变压器。以图 6-11 所示降压自耦变压器为例，将匝数为 N_1 的原绕组与电源相接，其电压为 U_1；匝数为 N_2 的副绕组与负载相接，其电压为 U_2。自耦变压器的绕组也是套在闭合铁芯的心柱上，其作用原理与普通变压器一样，原绕组和副绕组的电压、电流与匝数的关系仍为

$$\frac{U_1}{U_2} = \frac{N_1}{N_2} = k$$

$$\frac{I_1}{I_2} = \frac{N_2}{N_1} = \frac{1}{k}$$

通过调整合适的匝数 N_2，在副绕组一侧即可得到所需的电压。

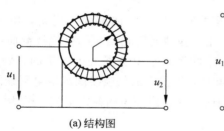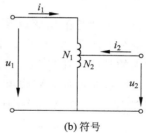

　　(a) 结构图　　　　　　　　　　　　　(b) 符号

图 6-11　自耦变压器

如果副绕组上接电源，则在原绕组端可得到较高的电压，此时自耦变压器可用来升压。

三相自耦变压器通常接成星形，如图 6-12 所示。

自耦变压器还可以把抽头制成能够沿着线圈自由滑动的触点，可平滑调节副绕组电压。其铁芯制成环形，靠手柄转动滑动触点来调压，副绕组端的电压就可在 $0 \sim U_1$ 的范闹内连续改变。

小型自耦变压器常用来启动交流电动机；在实验室和小型仪器上常用作调压设备；也可用在照明装置上来调节光度。在电力系统上也应用大型自耦变压器作为电力变压器。

自耦变压器的变比不宜过大，因为它的原、副绕组有直接的电的联系。一旦公共部分断开，高压将引入低压端，造成危险。通常选择变比 $k < 3$。

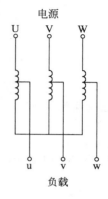

图 6-12　三相自耦变压器

 小提醒

使用自耦变压器时，改变滑动端的位置，便可得到不同的输出电压。实验室中用的调压器就是根据此原理制作的。

注意：原、副边千万不能对调使用，以防变压器损坏。因为 N 变小时，磁通增大，电流会迅速增加。

⚠️ **实践活动**

你能从变压器绕组引出线的粗细区分原绕组吗？试试看。

二、仪用变压器

仪用变压器是在测量高电压、大电流时使用的一种特殊的变压器，也称为仪用互感器。仪用变压器有电流互感器和电压互感器两种形式。

仪用变压器用于电力系统中，作为测量、控制、指示、继电保护等电路的信号源。使用仪用变压器，可以使仪表、继电器等与高电压、大电流的被测电路绝缘，可以使仪表、继电器等的规格比直接测量高电压、大电流电路时所用的仪表、继电器规格小得多；可以使仪表、继电器的规格统一，以便于制造且可减小备用容量。

1. 电流互感器

电流互感器在结构上与单相变压器类似，如图 6-13 所示。但是，电流互感器的结构又有其特点，原绕组的匝数 N_1 很少，由一匝或几匝相当粗的导线绕制而成。原绕组与被测电路串联，输入的是电流 I_1 信号，I_1 的大小是由负载大小决定的；副绕组的匝数 N_2 很多，由较细的导线绕制而成，副绕组与阻抗很小的仪表线圈或继电器线圈串联。原绕组的额定电流可以在 $10\sim25000A$ 的范围内选择，副绕组的额定电流一般为 5A。

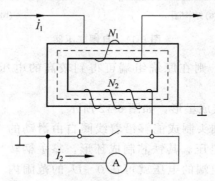

图 6-13　电流互感器结构原理图

电流互感器运行的，其磁动势平衡关系为

$$\dot{I}_1 N_1 + \dot{I}_2 N_2 = \dot{I}_0 N_1$$

由于 $\dot{I}_0$ 及 N_1 均很小，忽略 $\dot{I}_0 N_1$，有

$$\dot{I}_2 = -\frac{N_1}{N_2}\dot{I}_1 = -\frac{1}{\dfrac{N_2}{N_1}}\dot{I}_1 = -\frac{1}{k_1}\dot{I}_1$$

式中，$k_1 = \dfrac{N_2}{N_1}$——电流互感器的原、副边匝数之比，也称变流比。

由于 $N_1 < N_2$，因此总有 $k_1 > 1$。可见，电流互感器起到减小电流的作用。调节 N_1 的数值，事实上，$\dot{I}_0 N_1 \neq 0$，因此电流互感器存在测量误差。对应误差的大小，电流互感器分成 0.2，0.5，1.0，3.0 和 10.0 五个精度等级。电流互感器的精度等级与其二次负载容量有关，只有电流互感器的实际二次负载容量小于精度等级对应的额定二次负载容量时，实际的测量精度才会达到标明的等级。

使用电流互感器时，必须注意以下几点：

① 副绕组不许开路。因为副绕组开路时，原绕组中的大电流全部用于励磁（$I_1 = I_0$），使铁芯中的合成磁动势猛增。一方面使铁损耗增大，铁芯过热，使铁芯性能下降而降低测量精度，严重时会损坏绕组的绝缘。另一方面，铁芯高度饱和使交变磁通曲线变成两条很陡的梯形波，磁通过零时的变化率 $\dfrac{\mathrm{d}\phi}{\mathrm{d}t}$ 很大，将在匝数很多的副绕组感应出很大的电动势，有可能因此击穿绕组的绝缘，危及人体安全。

② 二次绕组及铁芯必须牢固接地，以防绕组绝缘损伤时被测电路的高电压串入副边

而危及人体安全。

③ 二次负载的阻抗值不能过大。在被测电流一定时，二次电流也一定；如果二次负载的阻抗值过大，则负载上的电压过大；二次负载的容量过大，使电流互感器的测量精度下降。

2. 电压互感器

电压互感器的结构和工作原理如图 6-14 所示。原绕组与被测电路并联，副绕组接阻抗很大的仪表线圈，电压互感器运行时相当于普通单相变压器的空载运行。电压互感器副绕组的额定电压一般为 100V，原绕组的额定电压为电网额定电压，如 6kV、10kV 等。

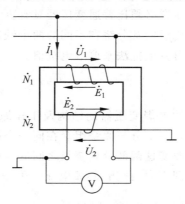

图 6-14　电压互感器的结构和原理图

参照普通单相变压器空载运行的电压方程式，忽略漏阻抗压降的影响，有

$$\frac{U_1}{U_2} \approx \frac{E_1}{E_2} = \frac{N_1}{N_2} = k$$

$$U_2 \approx \frac{N_2}{N_1}U_1 = \frac{1}{k}U_1$$

式中，k——电压互感器的原、副边匝数之比。

由于 $N_1 > N_2$，因此总有 $k > 1$。可见电压互感器起到降低电压的作用。调节 N_1 的数值，电压互感器能够将不同等级的原边电压降低。

事实上，由于空载电流和漏阻抗压降是存在的，因此电压互感器存在测量误差。对应误差的大小，电压互感器分成 0.2，0.5，1.0，3.0 四个精度等级。电压互感器的精度等级与其二次负载容量有关，只有电压互感器的实际二次负载容量小于精度等级对应的额定二次负载容量时，实际的测量精度才会达到标明的等级。

使用电压互感器时，必须注意以下几点：

① 副绕组不许短路，以防止过大的短路电流损坏电压互感器。

② 二次绕组及铁芯必须牢固接地，以保证安全。

③ 二次负载的阻抗值不能过小。在被测电压一定时，二次电压也一定；如果二次负载的阻抗值过小，则负载上的电流过大；则二次负载的容量过大，使电压互感器的测量精度下降。

三、电焊变压器

交流电弧焊在生产实践中应用很广泛，其主要部件就是电焊变压器。电焊变压器实际上是一台特殊的变压器，为了满足电焊工艺的要求，电焊变压器应该具有以下特点：

① 具有 60～75V 的空载起弧电压；

② 具有陡降的外特性；

③ 工作电流稳定且可调；

④ 短路电流被限制在两倍额定电流以内。

要具备以上特点，电焊变压器必须比普通变压器具有更大的电抗值，而且其电抗值可以调节。电焊变压器的原、副绕组通常分绕在不同的两个铁芯柱上，以便获得较大的电抗值。通常采用磁分路法和串联可变电抗法来调节电抗值。

1. 磁分路法

采用磁分路法调节电抗值的电焊变压器的结构及工作原理可以由图 6-15 说明。这种电焊变压器的副绕组有两部分，一部分与原绕组套在同一个铁芯柱上，另一部分套在另一个铁芯柱上并设有中间抽头。改变这两部分副绕组之间的连接方法，一方面可以调节副绕组中感应电动势的大小，以得到不同的空载起弧电压；另一方面，可以调节电抗的数值，以实现焊接电流的粗调。

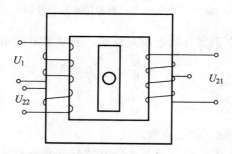

图 6-15   磁分路法调节电抗值的电焊变压器的结构及工作原理图

这种电焊变压器还有一个可以移动的铁芯柱，它可以为铁芯中的磁通路径分岔，称为磁分路。平滑地移动这个铁芯柱，可以连续地改变磁分路中气隙的大小，从而连续地改变电焊变压器的电抗值，以实现焊接电流的细调。

2. 串联可变电抗法

在普通变压器的副绕组回路中串入一个电抗值较大的可调电抗器，使其外特性具有陡降的特点，通过电抗器的气隙大小来调节电抗值，以实现焊接电流的调节。

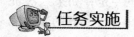

学生分组练习，能根据要求选择合适的变压器。

知识拓展

互感器发展历程

　　互感器最早出现于 19 世纪末。随着电力工业的发展，互感器的电压等级和准确级别都有很大提高，还发展了很多特种互感器，如电压、电流复合式互感器，直流电流互感器，高准确度的电流比率器和电压比率器，大电流激光式电流互感器，电子电路补偿互感器，超高电压系统中的光电互感器，以及 SF6 全封闭组合电器（GIS）中的电压、电流互感器。在电力工业中，要发展什么电压等级和规模的电力系统，必须发展相应电压等级和准确度的互感器，以满足电力系统测量、保护和控制的需要。

　　随着很多新材料的不断应用，互感器也出现了很多新的种类，电磁式互感器得到了比较充分的发展，其中铁芯式电流互感器以干式、油浸式和气体绝缘式多种结构适应了电力建设的发展需求。然而随着电力传输容量的不断增长、电网电压等级的不断提高及保护要求的不断完善，一般的铁芯式电流互感器结构已逐渐暴露出与之不相适应的弱点，其固有的体积大、磁饱和、铁磁谐振、动态范围小、使用频带窄等弱点，难以满足新一代电力系统自动化、电力数字网等的发展需要。

　　随着光电子技术的迅速发展，许多科技发达国家已把目光转向利用光学传感技术和电子学方法来发展新型的电子式电流互感器，简称光电电流互感器。国际电工协会已发布电子式电流互感器的标准。电子式互感器的含义，除了包括光电式的互感器，还包括其他各种利用电子测试原理的电压、电流传感器。

任务五　小型变压器的设计及绕制

学习知识要点：
掌握小型变压器容量、铁芯截面积、线圈匝数的计算方法。
职业技能要点：
掌握小型变压器的绕制方法。

任务描述

　　小型变压器适用于（50～60）Hz/500V 的电路中，通常用作机床控制电器或局部照明灯及指示灯的电源之用。本任务将详细介绍小型变压器的设计及绕制方法。

任务分析

　　通过绕制小型变压器并对故障变压器进行诊断和检修，要求学生掌握小型变压器的绕制方法。

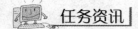 任务资讯

一、小型单相变压器的设计

小型变压器是指 $2kV \cdot A$ 以下的电源变压器及音频变压器。下面介绍小型变压器设计原则与技巧。

1. 变压器容量的计算

经验系数 K 与变压器次级容量的关系见表 6-2。

表 6-2　经验系数与变压器次级容量的关系

次级容量 S_2（V·A）	<10	10～30	30～80	80～200	200～400	>400
K	0.6	0.7	0.8	0.85	0.9	0.95

变压器次级容量为：

$$S_2 = U_2 I_2 + U_3 I_3 + \cdots\cdots$$

式中，U_2、U_3……和 I_2、I_3……分别是要求的各级次绕组的额定电压和额定电流。

由于变压器在传递电能过程中有损耗，其初级容量要比次级容量大，计算公式为：

$$S_1 = \frac{S_2}{K}$$

式中，K 为经验系数，其大小与变压器容量有关。小型变压器的额定功率为：

$$S = \frac{S_1 + S_2}{2}$$

2. 铁芯截面积的计算

铁芯截面积 $A = 1.25\sqrt{S}$（cm^2），式中 1.25 为系数，是经验数据，适用于变压器硅钢片，如选用质量好的冷轧硅钢片，系数可取小些；如选电动机硅钢片，系数应取大点；如选用质量差的普通黑铁片，系数应取 2。

知道截面积 A 后，就可由下式确定铁芯中柱的宽度 a 和铁芯的叠厚 b：

$$A = Kab$$

式中，K 为间隙系数，其数值与硅钢片所涂绝缘漆的厚薄及片间间隙有关，铁芯叠装越紧，K 值越高，一般取 $K = 0.9$。铁芯尺寸如图 6-16 所示。

3. 线圈匝数的计算

由于 $U = E = 4.44 f N \Phi_m$，$\Phi_m = B_m A$，可得 $U = 4.44 f N B_m A \times 10^{-4}$，则

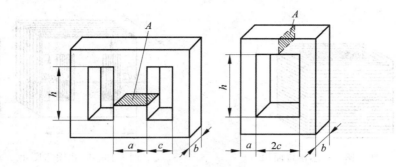

图 6-16　铁芯尺寸

$$N_1 = \frac{U_1}{4.44 f N B_m A \times 10^{-4}} \quad (\text{匝})$$

式中，A 的单位为 cm^2，Φ_m 为磁通（Wb）；f 为 50Hz；B_m 为磁通密度（T），数值与硅钢片有关。如选用一般硅钢片，B_m 取 1 左右，如果选用冷轧硅钢片，则 B_m 取 1.4 左右；如果选用普通黑铁，B_m 取 0.65T 左右。

在计算绕组的匝数时，考虑到绕组内部的电压降，可在副绕组中加 5% 的匝数，以加大电动势来补偿电压降，即

$$N_2 = \frac{1.05 U_2}{4.44 f B_m A \times 10^{-4}} \quad (\text{匝})$$

变压器绕组框架如图 6-17 所示。

4. 绕组导线截面积的计算

绕组导线直径的计算公式为

$$d = (0.7 \sim 0.8)\sqrt{I}\,(\text{mm})$$

当计算所得的导线直径与标准线径不符时，可采用与其相近的较大线径代替变压器绕组。

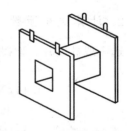

图 6-17　变压器绕组框架

5. 铁芯窗口尺寸的计算

根据已知绕组的匝数、线径、绝缘厚度等来核算变压器绕组所占铁芯窗口的面积，它应小于铁芯实际窗口面积，否则绕组可能放不下。窗口面积计算公式为：

$$A_0 = K_{\text{绕}}(F_1 N_1 + F_2 N_2 + \cdots + F_n N_n)(\text{mm}^2)$$

其中，F_1、$F_2 \cdots F_n$ 分别为各绕组导线的横截面积；N_1、$N_2 \cdots N_n$ 分别为各绕组的匝数；K 为填充系数，主要考虑到各绕组层间绝缘要占一定面积，K 取 1.2～1.8。

如果窗口面积大于铁芯实际面积，表明铁芯窗口放不下绕组，这时有两种方法：一是加大铁芯叠厚，使绕组匝数减少，但是一般叠厚 $b \leq 2a$ 比较合适，不能任意加厚；另一种办法是重叠硅钢片的尺寸，再按原法计算和核对，直到合适为止。壳式铁芯的各部分尺寸如图 6-19 所示。

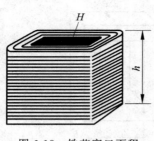

图 6-18　铁芯窗口面积

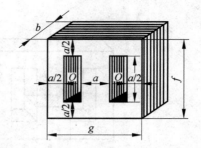

图 6-19　壳式铁芯尺寸

二、小型单相变压器设计举例

试设计一台 $100V \cdot A$、$380V/36V$ 的变压器，已知条件为 $S = 100V \cdot A$，$U_1 = 380V$，$U_2 = 36V$。

1. 计算铁芯截面积

$A = 1.25\sqrt{S} = 1.25\sqrt{100} = 12.5$（$cm^2$），取 $b = 2a$，又由于 $A = 0.9ab = 0.9 \times 2a \times 2$，所以

$$a = \sqrt{\frac{A}{0.9 \times 2}} = \sqrt{\frac{12.5 \times 100}{0.9 \times 2}} \approx 27\text{（mm）}，查表取 a = 28mm，则 b = 2a = 28 \times 2 = 56\text{（mm）}$$

2. 计算绕组匝数

选一般硅钢片，取磁感应强度 $B_m = 1T$，则

$$N_1 = \frac{U_1}{4.44fNB_mA \times 10^{-4}} = \frac{380}{4.44 \times 50 \times 12.5 \times 10^{-4}} \approx 1369\text{（匝）}$$

$$N_2 = \frac{1.05U_2}{4.44fB_mA \times 10^{-4}} = \frac{1.05 \times 36}{4.44 \times 50 \times 12.5 \times 10^{-4}} \approx 136\text{（匝）}$$

3. 计算线径

由 $S = U_1I_1$，可得原边电流 $I_1 = \frac{S}{U_1} = \frac{100}{380} \approx 0.26$（A）

由 $\frac{I_1}{I_2} = \frac{N_2}{N_1}$，可得副边电流 $I_2 = I_1 = \frac{N_1}{N_2} = 0.26 \times \frac{1369}{136} \approx 2.6$（A）

原边线径为 $d_1 = 0.8\sqrt{I_1} \approx 0.4$（mm），副边线径为 $0.8\sqrt{I_2} \approx 1.29$（mm）

原边导线横截面积 $F_1 = \frac{\pi d_1^2}{4} = \pi \times \frac{0.4^2}{4} \approx 0.126$（$mm^2$）

副边导线横截面积 $F_2 = \frac{\pi d_2^2}{4} = \pi \times \frac{1.29^2}{4} \approx 1.3$（$mm^2$）

窗口面积：

$A_0 = K_绕（F_1N_1 + F_2N_2）=（0.126 \times 1369 + 1.3 \times 136）\approx 489$（$mm^2$），查表 6-3，

铁芯实际窗口面积 $h \times c = 42 \times 14 = 588$（mm²），表明铁芯实际窗口可容纳绕组。

表 6-3 小型变压器通用硅钢片尺寸 （单位：mm）

a	c	h	A^+	H
13	7.5	22	40	34
16	9	24	50	40
19	10.5	30	60	50
22	11	33	66	55
25	12.5	37.5	75	62.5
28	14	42	84	70
32	16	48	96	80
38	19	57	114	95
44	22	66	132	110
50	25	75	150	125
58	28	84	168	140
64	32	96	192	160

三、小型变压器的绕制

小型变压器实物图如图 6-20 所示。

（1）绕线

绝缘纸的宽度应稍长于骨架或绕线芯子的长度，而长度应稍大于骨架或绕线芯子的周长，还应考虑到绕组绕制后所需的裕量。

（2）起绕

绕线前，骨架或绕线芯子上垫好对铁芯的绝缘，然后将木芯中心孔穿入绕线机轴固紧。若采用是绕线芯子，起绕时在导线引线头压入一条绝缘带的折条，一边抽紧起始线头。导线起绕点不可过于靠近绕线芯子的边缘，以免在绕线时漆包线滑出，以防止在插硅钢片时碰伤导线的绝缘；若采用框骨架，导线要紧靠边框板，不必留出空间。

图 6-20 小型变压器实物图

（3）绕线方法

导线要求绕得紧密、整齐，不允许有叠线现象。绕线的要领是：绕线时将导线稍微拉向绕线前进的相反方向约 5°左右，拉线的手顺绕线前进方向而移动，拉力大小应根据粗细而掌握适当，导线就容易排列整齐，每绕完一层要垫层间绝缘。

（4）线包的层次

绕线的顺序按一次侧绕组。静电屏蔽。二次侧高压绕组，低压绕组依次叠绕，每绕完一组绕组后，要衬垫层间绝缘，当二次侧绕组数较多时，每绕好一组后用万用表检查是否通路。

（5）线尾的紧固

当一组绕组绕制结束时，要垫上一条绝缘带的折条，继续绕线至结束，将线尾插入绝缘带的折缝中，抽紧绝缘带，线尾便固定了。

（6）静电屏蔽层的制作

电子设备中电源变压器，需在一、二次侧绕组间放置静电屏蔽层，屏蔽层可用厚度约 0.1mm 的铜箔或其他金属箔制成，其宽度比骨架长度稍短 1～3mm，长度比一次侧的周长短 5mm 左右，夹在一、二次侧绕组的绝缘垫层间，但不能碰到导线或自行短路。铜箔上焊接一根多股软线作为引出接地线，如无铜箔，可用 0.12～0.15mm 的漆包线密绕一层，一端埋在绝缘层内，另一端引出作为接地线。

（7）引出线

当线径大于 0.2mm 时，绕组的引出线可利用原线，按绞合后引出即可。线径小于 0.2mm 时应采用多股软线焊接后引出，焊剂应采用松香焊剂，引出线的套管应按耐压等级选用。

（8）外层绝缘

线包绕制好以后，外层绝缘用铆好焊片的青壳纸缠绕 2～3 层，用胶水粘牢。

（9）绝缘处理

线包绕好后为防潮和增加绝缘强度，应做绝缘处理。处理方法是：将线包在烘箱内加温到 70～80℃，预热 3～5h 取出，立即浸入 1260 漆等绝缘清漆中半小时，取出后在通风处滴干，然后在 80℃烘箱内烘 8h 即可。

（10）铁芯镶片

镶片要求：紧密、整齐。

镶片方法：镶片应从线包两边一片一片地交叉对镶，镶到中部时则二片二片地对镶。镶紧片时要用旋撬开夹缝才能插入，插入后，用木锤轻轻敲入。在插条形片时，不可直向插片，以免插伤线包。当骨架嫌小而线包嫌大时，切不可硬行插片，可将铁芯中心柱或两边挫小些，也可将线包套在木芯上，用两块木板夹住木芯两侧，在台虎钳上缓慢将它压扁一些。镶片完毕后，把变压器放在平板上，用木锤将硅钢片敲打平整，E 性硅钢片接口间不能留有空隙。最后用螺栓或夹板紧固铁芯，并将引出线焊到焊片上。

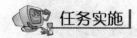 任务实施

学生分组练习小型变压器的绕制方法。

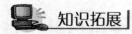 知识拓展

小型变压器的使用环境

① 周围空气温度 −5～+40℃，最高月平均气温不超过 +30℃。

② 安装地点海拔不超过 1000m。

③ 大气相对湿度在周围空气温度为＋40℃时不超过 50％，在较低温度下可以有较高的相对湿度，最湿月的平均最大湿度为 90％，同时该月的月平均最低温度为＋25℃。

技能训练一：小型变压器的制作

一、训练目的

1. 掌握单相小型变压器的简单计算方法；
2. 掌握小型变压器的制作工艺；
3. 对成品变压器进行测试并掌握合格标准。

二、工具器材

万用表、螺丝刀、钢丝钳、电工刀、绕线机、兆欧表、牛皮纸、胶木板、砂纸、E 形铁芯片、胶水、漆包线、油漆、金属泊、绝缘带。

三、训练步骤及内容

要制作的变压器原理电路如图 6-21 所示，副边为两个相同的绕组。要求电流、电压数据为 $U_1＝220V$；$U_2＝50V$；$I_2＝1A$。要求绕制的变压器效率 $\eta \geqslant 80\%$。

1. 设计单相小型变压器

要求：
① 计算容量 S_1、S_2 和总容量 S；
② 确定铁芯尺寸；
③ 计算 N_1、N_2；
④ 计算线圈层数和厚度。

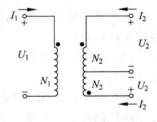

图 6-21 变压器原理电路

2. 绕制单相小型变压器

（略）。

3. 成品测试

（1）绝缘电阻 R 的测试；
（2）空载电压 U_{20} 的测试；
（3）空载电流 I_{10} 的测试。

技能训练二：小型变压器的故障检修

一、训练目的

1. 掌握变压器同名端的判别方法；
2. 掌握小型变压器故障检修技能。

二、工具器材

万用表、小型变压器、兆欧表、滑杆电阻器（75Ω/10A）、尖嘴钳、螺丝刀。

三、训练步骤及内容

1. 判别变压器同名端

（1）用交流法；
（2）用直流法。

2. 绝缘电阻的检查

原边与副边之间、线圈与铁芯之间、线圈匝间三个方面的绝缘检查。

3. 通电检查

（1）开路检查：测量副边电压是否正常，原边电流是否正常，并记录数据；测量变压器的变比是否正常。
（2）带额定负载检查：测量副边电流和电压，测量原边电流和电压，验正其是否正常。
（3）变压器工作一段时间后，手摸变压器温度是否过高，是否有异常声音。
（4）记录该小型变压器的型号、额定电压、额定电流、副边电压、容量及变压比等参数。

项目七

继电-接触器控制电路分析及故障排除

工厂中的设备各式各样，大多采用电力拖动，常由继电-接触器控制系统实现对它们的控制。这种控制方法简单、工作稳定、成本低，在一定范围内适应单机和生产自动化的需要，因此在工矿企业中得到广泛应用。

任务一　三相异步电动机基本控制电路的安装及故障排除

学习知识要点：

1. 掌握三相异步电动机的正转、点动及两地控制电路的构成和工作原理；
2. 掌握三相异步电动机的正反转控制电路的构成和工作原理；
3. 掌握三相异步电动机的顺序控制及时间控制电路的构成和工作原理；
4. 掌握双速异步电动机高低速控制电路的构成和工作原理；
5. 掌握基本控制电路安装及故障排除的基本方法。

职业技能要点：

1. 能正确安装和检修三相异步电动机的正转、点动及两地控制电路；
2. 能正确安装和检修三相异步电动机正反转控制电路；
3. 能正确安装和检修三相异步电动机的顺序控制及时间控制电路。

 任务描述

通过开关、按钮、继电器、接触器等电器触点的接通或断开来实现的各种控制叫作继电-接触器控制，这种方式构成的自动控制系统称为继电-接触器控制系统。典型的控制环节有点动控制、单向自锁运行控制、正反转控制、行程控制、时间控制等。

任务分析

本任务主要通过对三相异步电动机基本控制电路的安装及故障排除方法的学习，要求学生能正确安装和检修三相异步电动机的控制电路，能按要求设计继电-接触控制电路。

一、三相异步电动机的单相运转控制电路

1. 手动控制电路

对小型台钻、砂轮机、冷却泵、风扇等，可用铁壳开关、胶盖开关或用组合开关和熔断器来直接控制三相异步电机启动和停止。

图 7-1 是用胶盖开关控制的三相笼型异步电动机手动控制电路。QS 起到接通和断开电源的作用，FU 作短路保护用。电路的工作原理比较简单，简述如下。

启动：合上胶盖开关，电动机接通电源启动运转。

停止：拉开胶盖开关，电动机电源断开电机停转。

这种手动运转控制电路使用的电器数量少，电路结构简单，但在启动、停止控制频繁的场所这种手动控制方法既不方便，也不安全，操作强度大且不能实现自动控制。为了克服上述缺点，广泛地使用按钮、接触等电器来控制电机。

⚠️ 实践活动

手动正转控制电路有什么优点和缺点？能否选用某种低压自动切换电器代替低压开关来实现电路的自动控制？

2. 接触器直接启动控制

图 7-2 是由接触器、按钮、开关、熔断器和热继电器组成的电机控制电路。电路的工作原理简述如下：

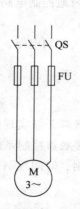

图 7-1 三相笼型异步电动机手动控制电路

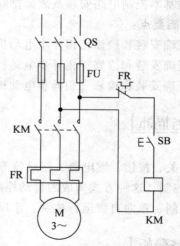

图 7-2 点动控制电路

先将 QS 闭合，此时由于接触器不得电电机尚未接通电源，电机并不会运转，要想使电机运转必须使接触器得电。因此按下按钮 SB，接触器线圈得电，使衔铁吸合，同时带

动接触器的三对主触点吸合，电机的电源接通，电机启动运转。当电机需要停转时只要松开启动按钮，使接触器的线圈断电，衔铁在复位弹簧的作用下复位，带动接触器的主触点断开，电机失电停转。由此可知该控制电路的特点：当按下按钮电机旋转，而松开按钮电机停转。这种控制叫作点动控制。

⚠️ 实践活动

试把点动控制电路改装一下，使电动机在松开启动按钮 SB 后，能否也能保持连续运转？

在要求电机启动后能连续运转时采用上述电路就不行了。因为要使电机连续运转，启动按钮就不能断开，这不符合实际生产要求。为实现电机的连续运转采用图 7-3 所示电路。

电路工作分析：

合上电源开关 Q，引入三相电源。按下启动按钮 SB$_2$，KM 线圈通电，其常开主触点闭合，电动机 M 接通电源启动。同时，与启动按钮并联的 KM 常开触点也闭合。当松开 SB$_2$ 时，KM 线圈通过其自身常开辅助触点继续保持通电状态，从而保证了电动机连续运转。当需要电动机停止运转时，可按下停止按钮 SB$_1$，切断 KM 线圈电源，KM 常开主触点与辅助触点均断开，切断电动机电源和控制电路，电动机停止运转。

这种依靠接触器自身辅助触点保持线圈通电的电路，称为自锁电路，辅助常开触点称为自锁触点。

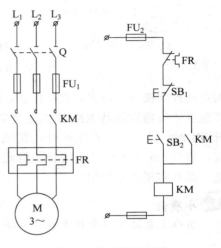

图 7-3　自锁控制电路

3. 点动与连续运转的控制

在生产实践中，某些生产机械常会要求既能正常启动，以能实现位置调整的点动工作。所谓点动，即按按钮时电动机转动工作，松开按钮后，电动机立即停止工作。点动控制主要用于机床刀架、横梁、立柱等的快速移动、对刀调整等。

图 7-4 为电动机点动与连续运转控制的几种典型电路。其具体电路工作分析如下：

图 7-4（a）为最基本的点动控制电路。按下 SB，接触器 KM 线圈通电，常开主触点闭合，电动机启动运转；松开 SB，接触器 KM 线圈断电，其常开主触点断开，电动机停止运转。

图 7-4（b）为采用开关 SA 选择运行状态的点动控制电路。当需要点动控制时，只要把开关 SA 断开，即断开接触器 KM 的自锁触点，由按钮 SB$_2$ 来进行点动控制；当需要电动机正常运行时，只要把开关 SA 合上，将 KM 的自锁触点接入控制电路，即可实现连续控制。

图 7-4（c）为用点动控制按钮常闭触点断开自锁回路的点动控制电路，控制电路中增加了一个复合按钮 SB$_3$ 来实现点动控制。SB$_1$ 为停止按钮、SB$_2$ 为连续运转启动按钮、SB$_3$

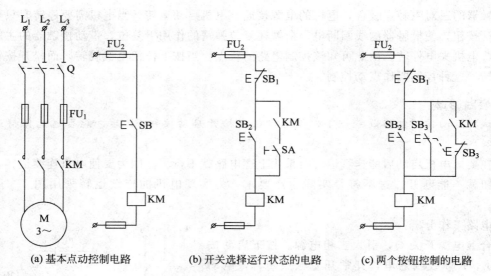

| (a) 基本点动控制电路 | (b) 开关选择运行状态的电路 | (c) 两个按钮控制的电路 |

图 7-4　电动机点动与连续运转控制电路

为点动控制按钮。当需要点动控制，按下 SB_3 时，其常闭触点先将自锁回路切断，然后常开触点才接通接触器 KM 线圈使其通电，KM 常开主触点闭合，电动机启动运转；当松开 SB_3 时，其常开触点先断开，接触器 KM 线圈断电，KM 常开主触点断开，电动机停转，然后 SB_3 常闭触点才闭合，但此时 KM 常开辅助触点已断开，KM 线圈无法保持通电，即可实现点动控制。

 小提醒

由以上电路工作分析看出，点动控制电路的最大特点是取消了自锁触点。

二、三相异步电动机正反转控制

1. 接触器联锁的正反转控制电路

前面讨论的电机运转控制电路只能使电机向一个方向运转，在实际工作中，生产机械常常需要运动部件可以相反方向的运动，这就要求电动机能够实现可逆运行。如机床工作台的前进和后退，铣床主轴的正反转等。由电机原理可知，三相交流电动机可改变定子绕组相序来改变电动机的旋转方向。因此，借助于接触器来实现三相电源相序的改变，即可实现电动机的可逆运行。

接触器联锁的正反转控制电路如图 7-5 所示。电路中采用了两个接触器，即正转用的接触器 KM_1 和反转用的接触器 KM_2，它们分别由正转按钮 SB_2 和反转按钮 SB_4 控制。从主电路图中可以看出，这两个接触器的主触头所接通的电源相序不同，KM_1 按 L_1—L_2—L_3 相序接线，KM_2 则按 L_3—L_2—L_1 相序接线。相应地控制电路有两条，一条是由按钮 SB_2 和 KM_1 线圈等组成的正转控制电路；另一条是由按钮 SB_4 和 KM_2 线圈等组成的反转控制电路。

必须指出，接触器 KM_1 和 KM_2 的主触头绝不允许同时闭合，否则将造成两相电源

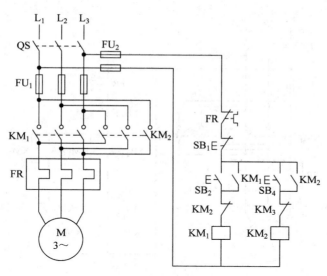

图 7-5　接触器联锁控制电路原理图

（L_1 相和 L_3 相）短路事故。为了避免两个接触器 KM_1 和 KM_2 同时得电动作，就在正、反转控制电路中分别串接了对方接触器的一对常闭辅助触头。这样，当一个接触器得电动作时，通过其常闭辅助触头使另一个接触器不能得电动作，接触器间这种相互制约的作用叫接触器联锁（或互锁）。实现联锁作用的常闭辅助触头称为联锁触头（或互锁触头），联锁符号用"▽"表示。

电路的工作原理如下（先合上电源开关 QS）。

（1）正转控制

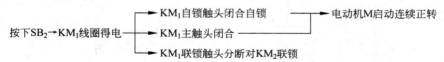

（2）反转控制

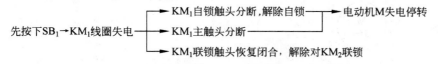

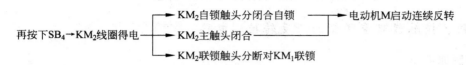

停止时，按下停止按键 SB_1→控制电路失电→KM_1（或 KM_2）主触头分断→电动机 M 失电停转

从以上分析可见，接触器联锁正反转控制电路的优点是工作安全可靠，缺点是操作不便。因电动机从正转变为反转时，必须先按下停止按钮后，才能按反转启动按钮，否则由于接触器的联锁作用，不能实现反转。为克服此电路的不足，可采用按钮联锁（如图 7-6 所示）或按钮和接触器双重联锁的正反转控制电路（如图 7-7 所示）。

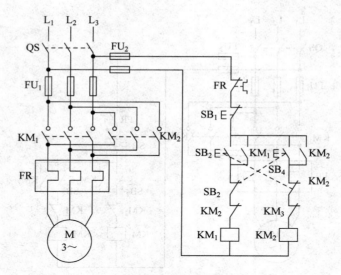

图 7-6　按钮联锁控制电路原理图

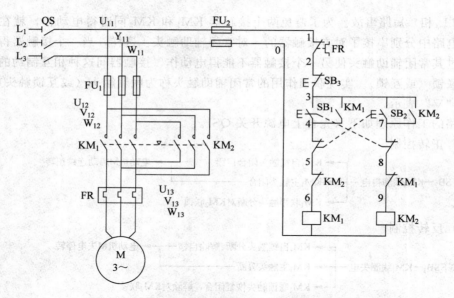

图 7-7　按钮、接触器双重联锁的正反转控制电路原理

2. 按钮、接触器双重联锁的正反转控制电路

（1）控制原理图

为克服接触器联锁正反转控制电路和按钮联锁正反转控制电路的不足，在按钮联锁的基础上，又增加了接触器联锁，构成按钮、接触器双重联锁正反转控制电路，如图 7-7 所示。该电路兼有两种联锁控制电路的优点，操作方便，工作安全可靠。

（2）电路的器件组成

QS（组合开关）、FU（熔断器）、KM（交流接触器）、FR（热继电器）、SB（按钮）、M（主轴电机）。

（3）电路结构分析

结合了接触器联锁正反转控制电路、按钮联锁正反转控制电路这两个电路的结构，把两个电路组合起来形成的。

（4）电路的工作原理如下（先合上电源开关 QS）。

① 正转控制：

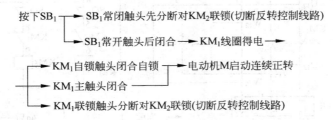

② 反转控制：

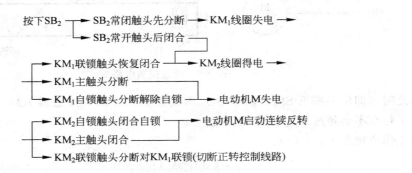

③ 停止：

按下SB₃ ——→ 控制电路失电 ——→ 接触器线圈失电——
——→ 接触器主触点分断 ——→ 电动机M停转

三、三相异步电动机位置控制与顺序控制电路

在生产过程中，一些生产机械运动部件的行程或位置要受到限制，或者需要其运动部件在一定范围内自动往返循环等。如在摇臂钻床、万能铣床、镗床、桥式起重机及各种自动或半自动控制机床设备中就经常遇到这种控制要求。而实现这种控制要求所依靠的主要电器是位置开关。

1. 位置控制电路（又称行程控制或限位控制电路）

位置开关是一种将机械信号转换为电气信号，以控制运动部件位置或行程的自动控制电器。而位置控制就是利用生产机械运动部件上的挡铁与位置开关碰撞，使其触头动作，来接通或断开电路，以实现对生产机械运动部件的位置或行程的自动控制。

位置控制电路如图 7-8 所示。工厂车间里的行车常采用这种电路，右下角是行车运动示意图，行车的两头终点处各安装一个位置开关 SQ₁ 和 SQ₂，将这两个位置开关的常闭触头分别串接在正转控制电路和反转控制电路中。行车前后各装有挡铁 1 和挡铁 2，行车的行程和位置可通过移动位置开关的安装位置来调节。

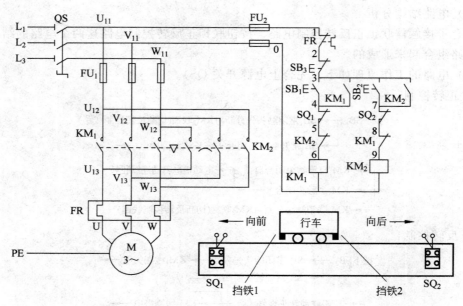

图 7-8　位置控制电路图

此时，即使再按下 SB_1，由于 SQ_1 常闭触头已分断，接触器 KM_1 线圈也不会得电，保证了行车不会超过 SQ_1 所在的位置。

工作原理如下：

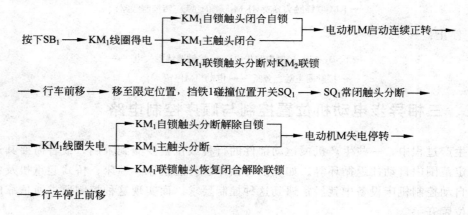

2. 自动循环控制电路

机械设备中如机床的工作台、高炉加料设备等均需要自动往复运行，而自动往复的可逆运行通常是利用行程开关来检测往复运动的相对位置，进而控制电动机的正反转来实现生产机械的往复运动。

在图 7-9（a）中，行程开关 SQ_1、SQ_2 分别固定安装在机床床身上，定义加工原点与终点；撞块 A、B 固定在工作台上，随着运动部件的移动分别压下行程开关 SQ_1、SQ_2，使其触点动作，改变控制电路的通断状态，使电动机实现可逆运行，完成运动部件的自动往复运动。

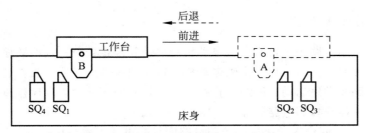

(a) 机床工作台自动往复运动示意图

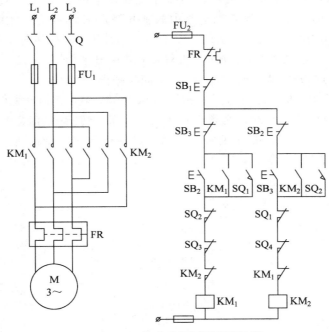

(b) 自动往复循环控制电路

图 7-9　自动往复循环控制电路

图 7-9（b）为自动往复循环控制电路，SQ_1 为反向转正向行程开关，SQ_2 为正向转反向行程开关，SQ_3、SQ_4 为正反向极限保护用行程开关。合上电源开关 Q，按下正向启动按钮 SB_2，接触器 KM_1 通电并自锁，电动机正向启动运转并拖动运动部件前进，当运动部件前进到位，撞块 A 压下 SQ_2，其常闭触点断开，KM_1 线圈断电，电动机停转；同时，SQ_2 常开触点闭合，使 KM_2 线圈通电并自锁，电动机反向启动运转并拖动运动部件后退；当后退到位时，撞块 B 压下 SQ_1，使 KM_2 线圈断电，同时使 KM_1 线圈通电，电动机由反转变正转，拖动运动部件由后退变前进，如此周而复始地自动往复循环。当按下 SB_1 时，KM_1、KM_2 线圈都断电，电动机停止运转，运动部件停止。

当行程开关 SQ_1、SQ_2 失灵，则由极限保护行程开关 SQ_3、SQ_4 实现保护，切断接触器线圈控制电路，避免运动部件因超出极限位置而发生事故。

利用行程开关按照机械设备的运动部件的行程位置进行的控制，称为行程控制原则，是机械设备自动化和生产过程自动化中应用最广泛的控制方法之一。

3．顺序控制电路

在机床的控制电路中，常常要求电动机的启动和停止按照一定的顺序进行。如磨床要求先启动润滑油泵，然后再启动主轴电动机；铣床的主轴旋转后，工作台方可移动等。顺序工作控制电路有顺序启动、同时停止控制电路，有顺序启动、顺序停止控制电路，还有顺序启动、逆序停止控制电路。

图 7-10 分别为两台电动机顺序控制电路图，其电路工作分析如下：

图 7-10（b）为两台电动机顺序启动、同时停止控制电路。在此控制电路中，只有 KM_1 线圈通电后，其串入 KM_2 线圈控制电路中的常开触点 KM_1 闭合，才能使 KM_2 线圈存在通电的可能，以此制约了 M_2 电动机的启动顺序。当按下 SB_1 按钮时，接触器 KM_1 线圈断电，其串接在 KM_2 线圈控制电路中的常开辅助触点断开，保证了 KM_1 和 KM_2 线圈同时断电，其常开主触点断开，两台电动机 M_1、M_2 同时停止。

图 7-10（c）为两台电动机顺序启动、逆序停止控制电路。其顺序启动工作与图 7-10（b）所示电路相同。此控制电路停车时，必须先按下 SB_3 按钮，切断 KM_2 线圈的供电，电动机 M_2 停止运转；其并联在按钮 SB_1 下的常开辅助触点 KM_2 断开，此时再按下 SB_1，才能使 KM_1 线圈断电，电动机 M_1 停止运转。

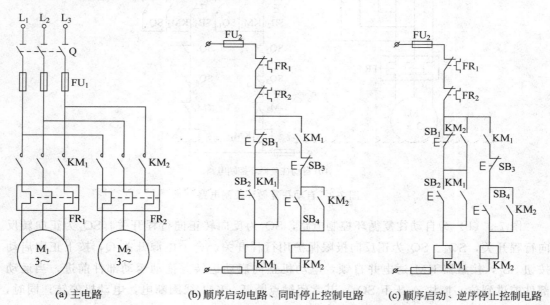

(a) 主电路　　　　　　(b) 顺序启动电路、同时停止控制电路　　(c) 顺序启动、逆序停止控制电路

图 7-10　两台电动机顺序控制电路图

图 7-11 为利用时间继电器控制的顺序启动电路。其电路的关键在于利用时间继电器自动控制 KM_2 线圈的通电。当按下 SB_2 按钮时，KM_1 线圈通电，电动机 M_1 启动，同时时间继电器线圈 KT 通电，延时开始。经过设定时间后，串联接入接触器 KM_2 控制电路中的时间继电器 KT 的动合触点闭合，KM_2 线圈通电，电动机 M_2 启动。

通过以上电路工作分析可知，要实现顺序控制，应将先通电的电器的常开触点串接在后通电的电器的线圈控制电路中，将先断电的电器的常开触点并联到后断电的电器的线圈

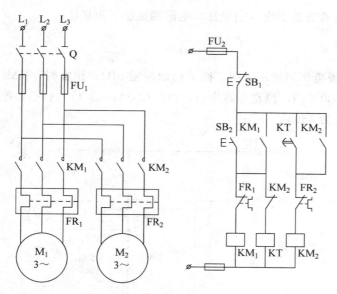

图 7-11　时间继电器控制的顺序启动电路

控制电路中的停止按钮（或其他断电触点）上。其具体方法有接触器和继电器触点的电气联锁、复合按钮联锁、行程开关联锁等。

四、基本控制电路安装及故障排除

（一）基本控制电路安装步骤

安装步骤如下：

① 按照图纸清理出元器件清单，按所需型号、规格配齐元器件，并进行检验，不合格者必须更换。

② 按照图纸上元器件的编号顺序，将所用元器件安装在控制板上或控制箱内适当位置，在明显的地方贴上编号。

③ 正确选用导线。

④ 在去除绝缘层的两端线头附近套上标有与原理图编号相符的异型号码管。

⑤ 根据接线桩的不同形状，对线头进行加工，接牢在接线桩上。

⑥ 完成控制板（箱）引出线与其他电气设备间的电路连接，连接应采用金属软管或钢管加以保护。

⑦ 对照图纸检查接线是否正确、安装是否牢固、接触是否良好。

⑧ 将电气箱体（金属板）、电动机外壳及金属管道可靠接地。

⑨ 检测电气电路绝缘是否符合要求，合格后通电试车

（二）继电器-接触器控制电路故障检查

发生故障时，先要对故障现象进行调查，了解故障前后的异常现象，找出简单故障的部位及元件。对较为复杂的故障，也可确定故障的大致范围。

常用的故障检查方法有电压测量法、电阻测量法、短接法。

1. 电压测量法

图 7-12 为分段电压测量示意图。按下启动按钮 SB2，正常时，KM$_1$ 吸合并自锁。将万用表拨到交流 500V 挡，测量电路中（1-2）、（2-3）、（3-4）、（4-5）各段电压均应为 0，（5-6）两点电压应为 380V。

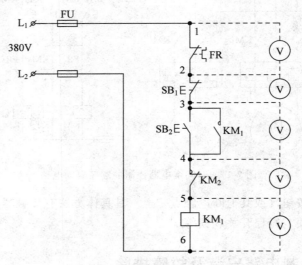

图 7-12　分段电压测量示意图

（1）触点故障

按下 SB$_2$，若 KM$_1$ 不吸合，可用万用表测量（1-6）之间的电压，若测得电压为 380V，说明电源电压正常，熔断器是好的。可接着测量（1-5）之间各段电压，如（1-2）之间电压为 380V，则热继电器 FR 保护触点已动作或接触不良；如（4-5）之间电压为 380V，则 KM$_2$ 触点或连接导线有故障。

（2）线圈故障

若（1-5）之间各段电压均为 0，（5-6）之间的电压为 380V，而 KM$_1$ 不吸合，则故障是 KM$_1$ 线圈或连接导线断开。

分阶测量法：一般是将电压表的一根表笔固定在电路的一端（如图 7-12 所示电路的 6 点），另一根表笔由下而上依次接到 5、4、3、2、1 各点，正常时，电表读数为电源电压。若无读数，则表笔逐级上移，当移至某点读数正常，说明该点以前触头或接线完好，故障一般是此点后第一个触头（即刚跨过的触头）或连线断路。

2. 电阻测量法

电阻测量法分为分段测量法和分阶测量法，图 7-13 为分段电阻测量示意图。

检查时，先断开电源，把万用表拨到电阻挡，然后逐段测量相邻两标号点（1-2）、（2-3）、（3-4）、（4-5）之间的电阻。若测得某两点间电阻很大，说明该触头接触不良或导线断路；若测得（5-6）间电阻很大（无穷大），则线圈断线或接线脱落。若电阻接近零，

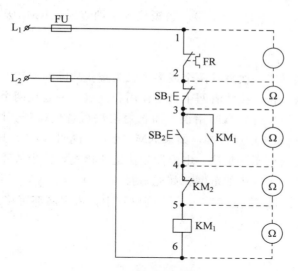

图 7-13　分段电阻测量示意图

则线圈可能短路。

3. 短接法

对断路故障，如导线断路、虚连、虚焊、触头接触不良、熔断器熔断等，用短接法查找往往比用电压法和电阻法更为快捷。检查时，只需用一根绝缘良好的导线将所怀疑的断路部位短接。当短接到某处，电路接通，说明故障就在该处。

（1）局部短接法

局部短接法的示意图如图 7-14 所示。

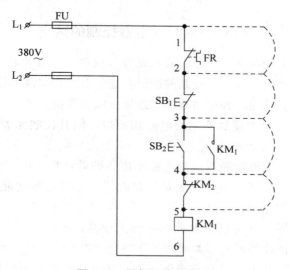

图 7-14　局部短接示意图

按下 SB$_2$ 时，若 KM$_1$ 不吸合，说明电路中存在故障，可运用局部短接法进行检查。在电压正常的情况下，按下 SB$_2$ 不放，用一根绝缘良好的导线，分别短接标号相邻的两点，如（1-2）、（2-3）、（3-4）、（4-5）。当短接到某两点时，KM₁吸合，说明这两点间存在断路故障。

（2）长短接法

长短接法是指用导线一次短接两个或多个触头查找故障的方法。

相对局部短接法，长短接法有两个重要作用和优点。一是在两个以上触头同时接触不良时，局部短接法很容易造成判断错误，而长短接法可避免误判。以图7-14所示电路为例，先用长短接法将（1-5）点短接，如果KM₁吸合，说明（1-5）这段电路有断路故障，然后再用局部短接法或电压测量法、电阻测量法逐段检查，找出故障点；二是使用长短接法，可把故障压缩到一个较小的范围。如先短接（1-3）点，KM₁不吸合，再短接（3-5）点，KM₁能吸合，说明故障在（3-5）点之间电路中，再用局部短接法即可确定故障点。

 **任务实施**

任务实施步骤如下。

① 设计实现三相笼型异步电动机自动往返控制的电气原理图；

② 绘制三相笼型异步电动机自动往返控制的位置图、接线图；

③ 注意器件的选择；

④ 连接所需设备；

⑤ 自检、老师检查后通电试车；

⑥ 完成三相笼型异步电动机自动往返控制系统的设计、制作、调试报告。

知识拓展

PLC 控制与继电器控制的区别

传统的继电接触器控制系统，是由输入设备（按钮、开关等）、控制电路（由各类继电器、接触器、导线连接而成，执行某种逻辑功能的电路）和输出设备（接触器线圈、指示灯等）三部分组成。这是一种由物理器件连接而成的控制系统。

PLC 的梯形图虽与继电接触器控制电路相类似，但其控制元器件和工作方式是不一样的，主要区别有以下几个方面。

（1）元器件不同　继电接触器控制电路是由各种硬件低压电器组成，而 PLC 梯形图中输入继电器、输出继电器、辅助继电器、定时器、计数器等软继电器是由软件来实现的，不是真实的硬件继电器。

（2）工作方式不同　继电接触器控制电路工作时，电路中硬件继电器都处于受控状态，凡符合条件吸合的硬件继电器都同时处于吸合状态，受各种约束条件不应吸合的硬件继电器都同时出在断开状态。PLC 梯形图中软件继电器都处于周期性循环扫描工作状态，受同一条件制约的各个软继电器的动作顺序取决于程序扫描顺序。

（3）元件触点数量的不同　硬件继电器的触电数量有限，一般只有 4～8 对，PLC 梯形图中软件继电器的触点数量在编程时可无限制使用，可常开又可常闭。

（4）控制电路实施方式不同　继电接触器控制电路是通过各种硬件继电器之间接线来实施，控制功能固定，当要修改控制功能时，必修重新接线。PLC控制电路由软件编程来实施，可以灵活变化和在线修改。

任务二　典型机械设备电气控制电路分析与故障处理

学习知识要点：

1. 掌握电气控制电路分析与故障处理的一般步骤和方法；
2. 掌握 CW6140 车床控制电路的构成及电路分析方法；
3. 掌握 Z3040 摇臂钻床控制电路的构成及电路分析方法；
4. 掌握 X62W 铣床控制电路的构成及电路分析方法；
5. 掌握 M7120 型平面磨床控制电路的构成及电路分析方法。

职业技能要点：

1. 能正确安装和检修 CW6140 车床控制电路；
2. 能正确安装和检修 Z3040 摇臂钻床控制电路；
3. 能正确安装和检修 X62W 铣床控制电路；
4. 能正确安装和检修 M7120 型平面磨床控制电路。

 任务描述

由于各类机床型号不止一种，即使同一种型号，制造商的不同，其控制电路也存在差别。只有通过对典型的机床控制电路的学习，进行归纳推敲，才能深入了解各类机床的特殊性与普遍性。那么对于各类机床，我们应该怎么进行分析呢？分析过程中又应该注意什么？

任务分析

通过对各种机床控制电路的安装、调试和检修，要求学生掌握典型机械设备电气控制电路的分析与故障处理方法。

任务资讯

一、电气控制电路分析与故障处理

1. 电气控制电路分析

进行设备电气控制电路分析，应注意如下几个相关方面的内容：

① 应了解被控设备的结构组成及工作原理、设备的传动系统类型及驱动方式、主要

技术性能及规格、运动要求。

② 明确电动机作用、规格和型号以及工作控制要求，了解所用各种电器的工作原理、控制作用及功能，这里的电气元件包括各类主令信号发出元件和开关元件关（磁离合器、电磁换向阀等）等。

在了解被控设备和采用的电气设备、电气元件的基本状况的基础上，还应确定两者之间的连接关系，即信息采集传递、运动输出的形式和方法。信息采集传递是通过设备上的各种操作手柄、撞块、挡铁及各种现场信息检测机构作用在主令信号发出元件上，主令信号发出元件将信号采集传递到电气控制系统中，其对应关系必须明确。运动输出是由电气控制系统中的执行件将驱动力送到机械设备上的相应点，以实现设备要求的各种动作。

在掌握了设备及电气控制系统的基本原理之后，即可对设备控制电路进行具体的分析。通常，分析电气控制系统时，要结合有关的技术资料将控制电路"化整为零"，划分成若干个电路部分，逐一进行分析。划分后的局部电路构成简单明了，控制功能单一或由少数简单控制功能组合，给分析电路带来极大的方便。进行电路划分时，可依据驱动形式，将电路初步划分为电动机控制电路部分和气动、液压驱动控制电路部分。也可根据被控电动机的台数，将电动机控制电路部分加以划分，使每台电动机的控制电路成为一个局部电路部分。在控制要求复杂的电路部分，还可进一步细划分，使一个基本控制电路或若干个简单基本控制电路部分成为一个局部电路分析单元。机械设备电气控制系统的分析步骤可简述如下：

① 设备运动分析　对由液压系统驱动的设备还需进行液压系统工作状态分析。

② 主电路分析　确定动力电路中用电设备的数目、接线状况及控制要求，控制执行元件的设置及动作要求，如交流接触器主触点的位置，各组主触点分、合的动作要求，限流电阻的接入和短接等。

③ 控制电路分析　分析各种控制功能的实现。

2. 电气控制电路的故障检查及电路维修

故障查询就是在检查处理故障前，通过"问"、"看"、"听"、"摸"来了解故障发生前后的详细情况，以便能迅速地判断出故障的具体部位，及时准确地排除故障。

问：向操作者详细了解故障发生前后的具体情况。具体了解的内容是：故障是偶尔发生还是经常发生；故障发生前有无频繁启动、停止或过载；是否检修、维护或改动控制电路；发生故障时有哪些现象等。

看：断路器是否跳闸，熔体是否熔断；指示仪表显示是否异常；电气元器件有无损坏、烧毁、触点熔焊、接线脱落及断线等。

听：仔细倾听电动机、变压器和电气元器件运行时的声音是否正常。

摸：电机绕组、变压器和电磁线圈等出现故障时，表面温度明显上升，此时可切断电源用手进行触摸检查。

上述所讲是寻找故障的第一步，有很多故障需要做进一步检查。

当外部检查解决不了故障时，可对所修设备通电进行检查：

① 通电检查时，要把检测仪表、调节器和电路上的转换开关置于零位位置，将主电动机和其所连传动机构尽量脱开，确认上述完成后进行通电。通电后应检查主电源是否正

常，包括电源电压是否正常及有无缺相等。主电源正常后，再检查控制电路。检查控制电路需开动机床，这必须与操作者配合进行，避免发生意外故障。

② 通电检查时，应分步进行，先易后难。根据电气控制电路的工作原理，尽量缩小检查范围，以便迅速查出故障所在。一般检查顺序为：先查控制电路，后查主电路；先开关电路，后调整电路；先常见故障部位，后特殊故障部位。对于复杂的电气控制电路，应事先确定故障大致范围，再拟定一个检查步骤，即将复杂的控制电路划分成几个单元或环节，按步骤、有目的地进行检查。

③ 通电检查时，也可采用分片试验法，即先断开所有的开关，取下所有熔体，然后按送电顺序，逐一插入所查部位的熔体。合上开关，观察熔体是否熔断，电路、元器件有无冒烟、冒火现象。如果送电正常，再试送各步动作指令，观察各接触器、继电器和位置开关是否按要求顺序动作，即可发现故障。

断电检查时，可使用万用表或电池灯等工具，测量电路的通断和元器件的好坏。也可采用替换法，如果怀疑某个元件有问题，外观检查正常，可以用新的元件替换它，然后送电检测。此时电路恢复正常，说明此元件损坏。此方法对电气电路中含有直流电路部无效。

电阻法，就是使用万用表的电阻挡，检测电路的电阻值是否正常。此法是检测电路断路或短路的有效方法。检测断路故障时，应采用高阻挡，若检测电路的电阻值接近无穷大，则可断定该电路断路。检测短路故障时，应采用低阻挡，若检测电路的电阻值几乎为零，则可断定该电路短路。电路中接有要求对地绝缘电阻很高的元器件时可使用兆欧表检测其绝缘电阻值。用电阻法检测故障时，应注意在检测某单一回路的并联回路断开用电阻法检测故障时，一定要断开电源，不许带电检测。

电压法，就是使用万用表的电压挡，检测电路的在线电压。检测电压时，首先应注意选择适合的电压挡。一般检测顺序为：先检测电源电压或主电路的电压，看其是否正常。再检查开关、接触器、继电器和接线端子应接通的两端，若万用表上有电压指示，则说明该元件断路。对于有阻值线圈的元件，若其两端的电压值正常，电磁机构不动作，则说明该线圈断路或损坏。采用电压法检测电路，应在电路接通的情况下进行。此时，一定要注意人身安全。不可使用未绝缘的导电工具，不可使身体的裸露部分接触带电部位，避免发生安全事故。

电气控制电路的日常维护包括电动机、电气元器件及电气电路的维护，具体要求如下：

① 电动机的日常维护应按"电动机的使用和维护"要求进行，并定期进行小修和大修。

② 电气元器件的日常维护应按"常用低压控制电器的选择和使用"要求进行。

③ 不得随意改变热继电器和自动断路器的整定值及熔体的额定电流。

④ 注意检查接触器、继电器及接线端子等的接点是否松动、损坏或脱落等。

⑤ 注意检查各电气元器件和导线是否浸油或绝缘损伤。

⑥ 注意检查连接导线是否有断裂、脱落或绝缘老化等现象。

⑦ 为防止金属屑或油污进入电动机、控制箱和电气电路中，致使绝缘电阻下降、触点接触不良及散热条件恶化，甚至造成短路，应注意保持机床电气设备的清洁。

⑧ 加强在高温、雨季及严寒季节对电气设备的维护检查，尤其应检查其接地或接零是否可靠。

电气控制电路是多种多样的，它们的故障又往往和机械、液压、气动系统交错在一起，较难分辨。不正确的检修甚至会造成人为事故，因此必须掌握正确的检修方法。电气控制电路的故障，不是千篇一律的，就是同一故障现象，发生的部位也不尽相同，故应理论与实践密切结合，灵活处理，切不可生搬硬套。故障找出后，应及时进行修理，并进行必要的调试。

二、CW6140 车床控制电路分析及故障处理

车床是一种应用极为广泛的金属切削机床，能够车削外圆、内圆、端面、螺纹、螺杆以及车削定型表面等。

普通车床有两个主要的运动部分，一个是卡盘或顶尖带动工件的旋转运动，也就是车床主轴的运动；另一个是溜板带动刀架的直线运动，称为进给运动。车床工作时，绝大部分功率消耗在主轴运动上。下面介绍 CA6140 型车床的主要结构及运动形式、电气控制电路分析、电气控制电路的检修。

（一）CA6140 普通车床主要结构及运动形式

1. 主要结构及运动形式

（1）结构　CA6140 型车床（其主要结构如图 7-15 所示）为我国自行设计制造的普通车床，与 C620—1 型车床比较，具有性能优越、结构先进、操作方便和外形美观等优点。主要由床身、主轴箱、进给箱、溜板箱、刀架、丝杠、光杠、尾架等部分组成。

（2）运动形式　车床的切削运动包括主运动（主轴带动工件的旋转运动）和进给运动（刀架的移动）。

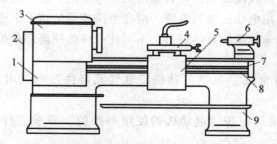

1—进给箱；2—挂轮箱；3—主轴变速箱；4—溜板与刀架；
5—溜板箱；6—尾架；7—丝杆；8—光杆；9—床身

图 7-15　CA6140 普通车床主要结构

车削速度是指工件与刀具接触点的相对速度。根据工件的材料性质、车刀材料及几何形状、工件直径、加工方式及冷却条件的不同，要求主轴有不同的切削速度。主轴变速是由主轴电动机经 V 带传递到主轴变速箱来实现的。CA6140 型车床的主轴正转速度有 24 种（10～1400 r/min），反转速度有 12 种（14～1580r/min）。

车床的进给运动是刀架带动刀具的直线运动。溜板箱把丝杠或光杠的转动传递给刀架部分，变换溜板箱外的手柄位置，经刀架部分使车刀做纵向或横向进给。

车床的辅助运动为车床上除切削运动以外的其他一切必需的运动，如尾架的纵向移动、工件的夹紧与放松等。

2. 电力拖动特点及控制要求

① 主拖动电动机一般选用三相笼型异步电动机，不进行电气调速。

② 采用齿轮箱进行机械有级调速。为减小振动，主拖动电动机通过几条 V 带将动力传递到主轴箱。

③ 在车削螺纹时，要求主轴有正、反转，由主拖动电动机正反转或采用机械方法来实现。

④ 主拖动电动机的启动、停止采用按钮操作。

⑤ 刀架移动和主轴转动有固定的比例关系，以便满足对螺纹的加工需要。

⑥ 车削加工时，由于刀具及工件温度过高，有时需要冷却，因而应该配有冷却泵电动机，且要求在主拖动电动机启动后，方可决定冷却泵开动与否，而当主拖动电动机停止时，冷却泵应立即停止。

⑦ 必须有过载、短路、欠压、失压保护。

⑧ 具有安全的局部照明装置。

（二）CA6140 普通车床电气控制电路分析

1. CA6140 型卧式车床

CA6140 型卧式车床电路图如图 7-16 所示。

机床电路图所包含的电器元件和电气设备的符号较多，要正确绘制和阅读机床电路图，除一般原则之外，还要明确以下几点。

① 将电路图按功能划分成若干个图区，通常是一条回路或一条支路划为一个图区，并从左向右依次用阿拉伯数字编号，标注在图形下部的图区栏中，如图 7-16 所示。

② 电路图中每个电路在机床电气操作中的用途，必须用文字标明在电路图上部的用途栏内，如图 7-16 所示。

③ 在电路图中每个接触器线圈的文字符号 KM 的下面画两条竖直线，分成左、中、右三栏，把受其控制而动作的触头所处的图区号按规定填入相应栏内。对备而未用的触头，在相应的栏中用记号"×"标出或不标出任何符号。

④ 在电路图中每个继电器线圈符号下面画一条竖直线，分成左、右两栏，把受其控制而动作的触头所处的图区号，按规定填入相应栏内。同样，对备而未用的触头在相应的栏中用记号"×"标出或不标出任何符号。

⑤ 电路图中触头文字符号下面的数字表示该电器线圈所处的图区号。如图 7-16 所示在图区 4 标有 KA_2，表示中间继电器 KA_2 的线圈在图区 9。

2. 主电路分析

主电路共有三台电动机：

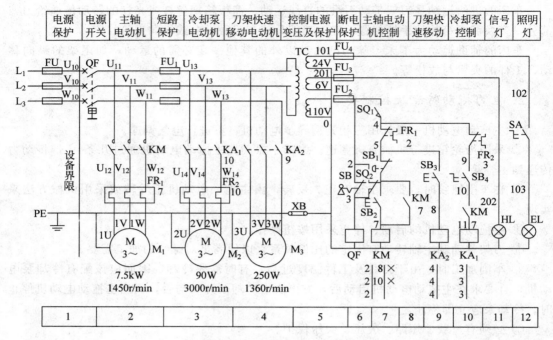

电源保护	电源开关	主轴电动机	短路保护	冷却泵电动机	刀架快速移动电动机	控制电源变压及保护	断电保护	主轴电动机控制	刀架快速移动	冷却泵控制	信号灯	照明灯

图 7-16 CA6140 型卧式车床电路图

M_1——主轴电动机，带动主轴旋转和刀架做进给运动；

M_2——冷却泵电动机，用以输送切削液；

M_3——刀架快速移动电动机。

将钥匙开关 SB 打开，再扳动断路器 QF 将三相电源引入。主轴电动机 M_1 由接触器 KM 控制，热继电器 FR_1 作过载保护，熔断器 FU 作短路保护，接触器 KM 作失压和欠压保护。冷却泵电动机 M_2 由中间继电器 KA_1 控制，热继电器 FR_2 作为它的过载保护。刀架快速移动电动机 M_3 由中间继电器 KA_2 控制，由于是点动控制，故未设过载保护。FU_1 作为冷却泵电动机 M_2、快速移动电动机 M_3、控制变压器 TC 的短路保护。

3. 控制电路分析

控制电路的电源由控制变压器 TC 二次侧输出 110V 电压提供。在正常工作时，位置开关 SQ_1 的常开触头闭合。打开床头皮带罩后，SQ_1 断开，切断控制电路电源，以确保人身安全。钥匙开关 SB 和位置开关 SQ_2 在正常工作时是断开的，QF 线圈不通电，断路器 QF 能合闸。打开配电盘壁龛门时，SQ_2 闭合，QF 线圈获电，断路器 QF 自动断开。

（1）主轴电动机 M_1 的控制

按下 SB_2 →KM 线圈得电→主轴电动机启动运转

按下 SB_1 →KM 线圈失电→主轴电动机失电停止

主轴的正反转是采用多片摩擦离合器实现的。

（2）冷却泵电动机 M_2 的控制

由于主轴电动机 M_1 和冷却泵电动机 M_2 在控制电路中采用顺序控制，所以，只有当主轴电动机 M_1 启动后，即 KM 常开触头（10 区）闭合，合上旋钮开关 SB_4，冷却泵电动

机 M_2 才可能启动。当 M_1 停止运行时，M_2 自行停止。

（3）刀架快速移动电动机 M_3 的控制

刀架快速移动电动机 M_3 的启动是由安装在进给操作手柄顶端的按钮 SB_3 控制，它与中间继电器 KA_2 组成点动控制电路。刀架移动方向（前、后、左、右）的改变，是由进给操作手柄配合机械装置实现的。如需要快速移动，按下 SB_3 即可。

（4）照明、信号电路分析

控制变压器 TC 的二次侧分别输出 24V 和 6V 电压，作为车床低压照明灯和信号灯的电源。EL 作为车床的低压照明灯，由开关 SA 控制；HL 为电源信号灯。它们分别由 FU_4 和 FU_3 作为短路保护。

CA6140 型车床的电气元件明细表见表 7-1。

表 7-1　CA6140 型车床电气元件明细表

代号	名　称	型号及规格	数量	用　途	备注
M_1	主轴电动机	Y132M—4—B3 7.5kW，1450r/min	1	主传动用	
M_2	冷却泵电动机	AOB—25，90W，3000r/min	1	输送冷却液用	
M_3	快速移动电动机	AOS5634，250W，1360r/min	1	溜板快速移动用	
FR_1	热继电器	JR16—20/3D，15.4A	1	M_1 的过载保护	
FR_2	热继电器	JR16—20/3D，0.32A	1	M_2 的过载保护	
KM	交流接触器	CJ0—20B，线圈电压 110V	1	控制 M_1	
KA_1	中间继电器	JZ7—44，线圈电压 110V	1	控制 M_2	
KA_2	中间继电器	JZ7—44，线圈电压 110V	1	控制 M_3	
SB_1	按钮	LAY3—01ZS/1	1	停止 M_1	
SB_2	按钮	LAY3—10/3.11	1	启动 M_1	
SB_3	按钮	LA9	1	启动 M_3	
SB_4	旋钮开关	LAY3—10X/2	1	控制 M_2	
SQ_1、SQ_2	位置开关	JWM6—11	2	断电保护	
HL	信号灯	ZSD—0V，6V	1	刻度照明	无灯罩
QF	断路器	AM2—40V，20A	1	电源引入	
TC	控制变压器	JBK2—100	1		110V， 50V·A
EL	机床照明灯	JC11	1	工作照明	
SB	旋钮开关	LAY3—01Y/2	1	电源开关锁	带钥匙
FU_1	熔断器	BZ001，熔体 6A	3		
FU_2	熔断器	BZ001，熔体 1A	1	110V 控制电路短路保护	
FU_3	熔断器	BZ001，熔体 1A	1	信号灯电路短路保护	
FU_4	熔断器	BZ001，熔体 2A	1	照明电路短路保护	

CA6140 型车床的接线图如图 7-17 所示。

（三）CA6140 车床电气控制电路的检修

1. 目的要求

掌握 CA6140 车床电气控制电路的故障分析及检修方法。

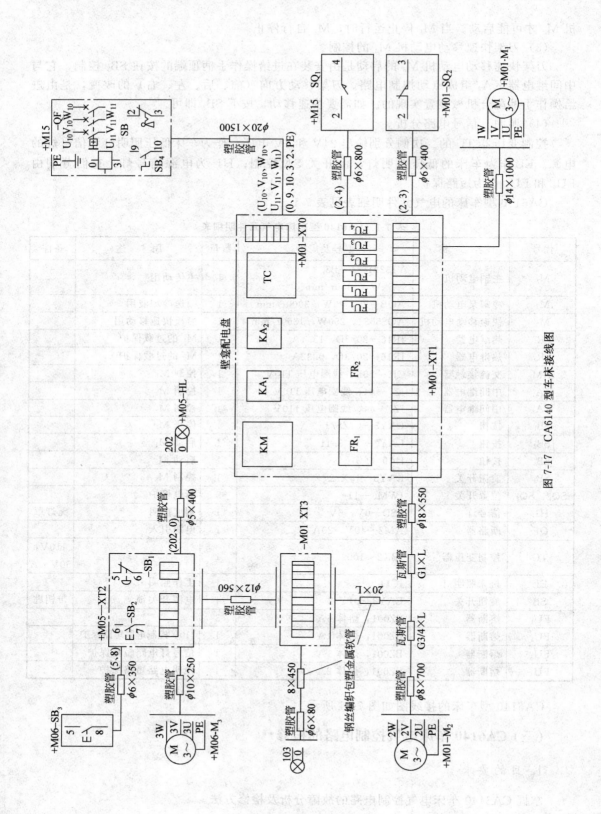

图 7-17 CA6140 型车床接线图

2．工具与仪表

（1）工具　测电笔、电工刀、剥线钳、尖嘴钳、斜口钳、螺钉旋具等。

（2）仪表　MF30 型万用表、5050 型兆欧表、T301—A 型钳形电流表。

3．常见电气故障分析与检修

当需要打开配电盘壁龛门进行带电检修时，将 SQ_2 开关的传动杆拉出，断路器 QF 仍可合上。关上壁龛门后，SQ_2 复原恢复保护作用。

（1）主轴电动机 M_1 不能启动

主轴电动机 M_1 不能启动，可按下列步骤检修：

① 检查接触器 KM 是否吸合，如果接触器 KM 吸合，则故障必然发生在电源电路和主电路上。可按下列步骤检修：

- 合上断路器 QF，用万用表测接触器受电端 U_{11}、V_{11}、W_{11} 点之间的电压，如果电压是 380V，则电源电路正常。当测量 U_{11} 与 W_{11} 之间无电压时，再测量 U_{11} 与 W_{10} 之间有无电压，如果无电压，则 FU（13）熔断或连线断路；否则，故障是断路器 QF（L_3 相）接触不良或连线断路。

  修复措施：查明损坏原因，更换相同规格和型号的熔体、断路器及连接导线。

- 断开断路器 QF，用万用表电阻 R×1 挡测量接触器输出端 U_{12}、V_{12}、W_{12} 之间的电阻值，如果阻值较小且相等，说明所测电路正常；否则，依次检查 FR_1、电动机 M_1 以及它们之间的连线。

  修复措施：查明损坏原因，修复或更换同规格、同型号的热继电器 FR_1、电动机 M_1 及其之间的连接导线。

- 检查接触器 KM 主触头是否良好，如果接触不良或烧毛，则更换动、静触头或相同规格的接触器。

- 检查电动机机械部分是否良好，如果电动机内部轴承等损坏，应更换轴承；如果外部机械有问题，可配合机修钳工进行维修。

② 若接触器 KM 不吸合，可按下列步骤检修：首先检查 KA_2 是否吸合，若吸合说明 KM 和 KA_2 的公共控制电路部分（0—1—2—4—5）正常，故障范围在 KM 的线圈部分支路（5—6—7—0）；若 KA_2 也不吸合，就要检查照明灯和信号灯是否亮，若照明灯和信号灯亮，说明故障范围在控制电路上，若灯 HL、EL 都不亮，说明电源部分有故障，但不能排除控制电路有故障。

（2）主轴电动机 M_1 启动后不能自锁

当按下启动按钮 SB_2 时，主轴电动机能启动运转，但松开 SB_2 后，M_1 也随之停止。造成这种故障的原因是接触器 KM 的自锁触头接触不良或连接导线松脱。

（3）主轴电动机 M_1 不能停车

造成这种故障的原因多是接触器 KM 的主触头熔焊；停止按钮 SB_1 击穿或电路中 5、6 两点连接导线短路；接触器铁芯表面粘牢污垢。可采用下列方法判明是哪种原因造成电动机 M_1 不能停车：若断开 OF，接触器 KM 释放，则说明故障为 SB_1 击穿或导线短接；若接触器过一段时间释放，则故障为铁芯表面粘牢污垢；若断开 OF，接触器 KM 不释放，则故障为主触头熔焊。根据具体故障采取相应措施修复。

（4）主轴电动机在运行中突然停车

这种故障的主要原因是由于热继电器 FR_1 动作。发生这种故障后，一定要找出热继电器 FR_1 动作的原因，排除后才能使其复位。引起热继电器 FR_1 动作的原因可能是：三相电源电压不平衡；电源电压较长时间过低；负载过重以及 M_1 的连接导线接触不良等。

（5）刀架快速移动电动机不能启动

首先检查 FU_1 熔丝是否熔断；其次检查中间继电器 KA_2 触头的接触是否良好；若无异常或按下 SB_3 时，继电器 KA_2 不吸合，则故障必定在控制电路中。这时依次检查 FR_1 的常闭触头、点动按钮 SB_3 及继电器 KA_2 的线圈是否有断路现象即可。

4. 检修步骤及工艺要求

① 在操作老师的指导下对车床进行操作，了解车床的各种工作状态及操作方法。

② 在教师的指导下，参照电器位置图和机床接线图，熟悉车床电器元件的分布位置和走线情况。

③ 在 CA6140 车床上人为地设置自然故障点。故障设置时应注意以下几点：

- 人为设置的故障必须是模拟车床在使用中，由于受外界因素影响而造成的自然故障。
- 切忌设置更改电路或更换电器元件等由于人为原因而造成的非自然故障。
- 对于设置一个以上故障点的电路，故障现象尽可能不要相互掩盖。如果故障相互掩盖，按要求应有明显检查顺序。
- 设置的故障必须与学生应该具有的修复能力相适应。随着学生检修水平的逐步提高，再相应提高故障的难度等级。
- 应尽量设置不容易造成人身或设备事故的故障点，如有必要时，教师必须在现场密切注意学生的检修动态，随时做好采取应急措施的准备。

④ 教师示范检修。教师进行示范检修时，可把下述检修步骤及要求贯穿其中，直至故障排除。

- 用通电试验法引导学生观察故障现象。
- 根据故障现象，依据电路图用逻辑分析法确定故障范围
- 采取正确的检查方法查找故障点，并排除故障。
- 检修完毕进行通电试验，并做好维修记录。

⑤ 教师设置让学生事先知道的故障点，指导学生如何从故障现象着手进行分析，逐步引导学生采用正确的检修步骤和检修方法。

⑥ 教师设置故障点，由学生检修。

5. 注意事项

① 熟悉 CA6140 车床电气控制电路的基本环节及控制要求，认真观摩教师示范检修操作。

② 检修所用工具、仪表应符合使用要求。

③ 排除故障时，必须修复故障点，但不得采用元件代换法。

④ 检修时，严禁扩大故障范围或产生新的故障。

⑤ 带电检修时，必须在指导教师的监护下进行，以确保安全。

三、Z3050 摇臂钻床控制电路分析及故障处理

（一）Z3050 摇臂钻床结构及运动形式

1. 结构及运动形式示意图

摇臂钻床结构及运动形式示意图如图 7-18 所示。

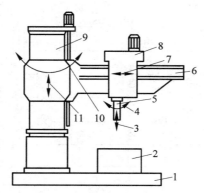

1—底座；2—工作台；3—主轴纵向进给；4—主轴旋转主运动；5—主轴；6—摇臂；
7—主轴箱沿摇臂径向运动；8—主轴箱；9—内外立柱；10—摇臂回转运动；
11—摇臂垂直移动

图 7-18　摇臂钻床结构及运动情况示意图

2. 运动形式

摇臂钻床的主运动：主轴的旋转运动；

摇臂钻床的进给运动：主轴的纵向进给；

摇臂钻床的辅助运动有：摇臂沿外立柱的垂直移动、主轴箱沿摇臂长度方向的水平移动、摇臂与外立柱一起绕内立柱的回转运动。

（二）电气原理分析

电气控制电路分析如下。Z3050 摇臂钻床的电气图如图 7-19 所示。

（1）主电路分析

Z3050 摇臂钻床共有四台电动机，除冷却泵电动机采用断路器直接启动外，其余三台异步电动机均采用接触器直接启动。

M_1 是主轴电动机，由交流接触器 KM_1 控制，只要求单方向旋转，主轴的正反转由机械手柄操作。M_1 装于主轴箱顶部，拖动主轴及进给传动系统运转。热继电器 FR_1 作为电动机 M_1 的过载及断相保护，短路保护由断路器 QF_1 中的电磁脱扣装置来完成。

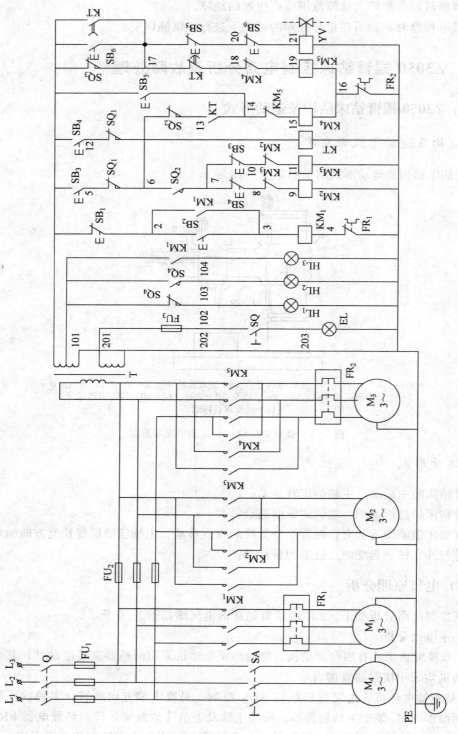

图 7-19 Z3050 摇臂钻床电气图

M_2 是摇臂升降电动机，装于立柱顶部，用接触器 KM_2 和 KM_3 控制其正反转。由于电动机 M_2 是间断性工作，所以不设过载保护。

M_3 是液压泵电动机，用接触器 KM_4 和 KM_5 控制其正反转，由热继电器 FR_2 作为过载及断相保护。该电动机的主要作用是拖动油泵供给液压装置压力油，以实现摇臂、立柱以及主轴箱的松开和夹紧。

摇臂升降电动机 M_2 和液压油泵电动机 M_3 共用断路器 QF_3 中的电磁脱扣器作为短路保护。

M_4 是冷却泵电动机，由断路器 QF_2 直接控制，并实现短路、过载及断相保护。

电源配电盘在立柱前下部，冷却泵电动机 M_4 装于靠近立柱的底座上，升降电动机 M_2 装于立柱顶部，其余电气设备置于主轴箱或摇臂上。由于 Z3050 钻床内、外柱间未装设汇流环，故在使用时，请勿沿一个方向连续转动摇臂，以免发生事故。

主电路电源电压为交流 380V，断路器 QF_1 作为电源引入开关。

（2）控制电路分析

控制电路电源由控制变压器 TC 降压后供给 110V 电压，熔断器 FU_1 作为短路保护。

① 开车前的准备工作　为保证操作安全，本钻床具有"开门断电"功能。所以开车前应将立柱下部及摇臂后部的电门盖关好，方能接通电源。合上 QF_3（5 区）及总电源开关 QF_1（2 区），则电源指示灯 HL_1（10 区）显亮，表示钻床的电气电路已进入带电状态。

② 主轴电动机 M_1 的控制　按下启动按钮 SB_3（12 区），接触器 KM_1 吸合并自锁，使主轴电动机 M_1 启动运行，同时指示灯 HL_2（9 区）显亮。按下停止按钮 SB_2（12 区），接触器 KM_1 释放，使主轴电动机 M_1 停止旋转，同时指示灯 HL_2 熄灭。

③ 摇臂升降控制。

• 摇臂夹紧机构。

放松：$YV+$，M_3 正转；

夹紧：$YV+$，M_3 反转。

• 主轴箱、立柱夹紧机构。

放松：$YV-$，M_3 正转；

夹紧：$YV-$，M_3 反转。

M_3 正转：KM_4+；

M_3 反转：KM_5+。

夹紧机构液压系统原理图如图 7-20 所示。

• 按下上升按钮 SB_3（或下降按钮 SB_4），则时间继电器 KT 通电吸合，其瞬时闭合的常开触头闭合，接触器 KM_4 线圈通电，液压泵电动机 M_3 启动，正向旋转，供给压力油。压力油经分配阀体进入摇臂的"松开油腔"，推动活塞移动，活塞推动菱形块，将摇臂松开。同时活塞杆通过弹簧片压下位置开关 SQ_2，使其常闭触头断开，常开触头闭合。前者切断了接触器 KM_4 的线圈电路，KM_4 主触头断开，液压泵电动机 M_3 停止工作。后者使交流接触器 KM_2（或 KM_3）的线圈通电，KM_2（或 KM_3）的主触头接通 M_2 的电源，摇臂升降电动机 M_2 启动旋转，带动摇臂上升（或下降）。如果此时摇臂尚未松开，则位置开关 SQ_2 的常开触头则不能闭合，接触器 KM_2（或 KM_3）的线圈无电，摇臂就不能上升（或下降）。

当摇臂上升（或下降）到所需位置时，松开按钮 SB_4（或 SB_5），则接触器 KM_2（或

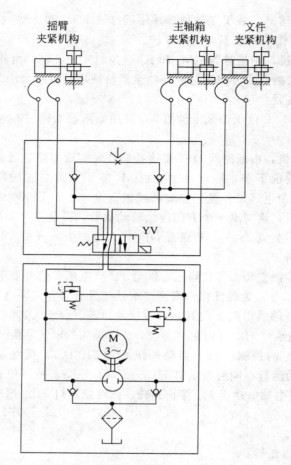

图 7-20　夹紧机构液压系统原理图

KM$_3$）和时间继电器 KT$_1$ 同时断电释放，M$_2$ 停止工作，随之摇臂停止上升（或下降）。

　　由于 SQ$_3$ 闭合，使接触器 KM$_5$ 吸合，液压泵电动机 M$_3$ 反向旋转，随之泵内压力油经分配阀进入摇臂的"夹紧油腔"使摇臂夹紧。在摇臂夹紧后，活塞杆推动弹簧片压下位置开关 SQ$_3$，其常闭触头断开，KM$_5$ 断电释放，M$_3$ 最终停止工作，完成了摇臂的松开—上升（或下降）—夹紧的整套动作。

　　组合开关 SQ$_1$ 作为摇臂升降的超程限位保护。

　　摇臂的自动夹紧由位置开关 SQ$_3$ 控制。如果液压夹紧系统出现故障，不能自动夹紧摇臂，或者由于 SQ$_3$ 调整不当，在摇臂夹紧后不能使 SQ$_3$ 的常闭触头断开，都会使液压泵电动机 M$_3$ 因长期过载运行而损坏。为此电路中设有热继电器 FR$_2$，其整定值应根据电动机 M$_3$ 的额定电流进行整定。

　　摇臂升降电动机 M$_2$ 的正反转接触器 KM$_2$ 和 KM$_3$ 不允许同时获电动作，以防止电源相间短路。为避免因操作失误、主触头熔焊等原因而造成短路事故，在摇臂上升和下降的控制电路中采用了接触器联锁和复合按钮联锁，以确保电路安全工作。

　　④ 立柱和主轴箱的夹紧与放松控制　复合按钮 SB$_6$ 是松开控制按钮，SB$_7$ 是夹紧控制按钮。

　　⑤ 冷却泵电动机 M$_4$ 的控制　扳动断路器 SA，就可以接通或切断电源，操纵冷却泵

电动机 M_4 的工作或停止。

（3）照明、指示电路分析

照明、指示电路的电源也由控制变压器 TC 降压后提供 24V、6V 的电压，由熔断器 FU_3、FU_2 作短路保护，EL 是照明灯，HL_1 是电源指示灯，HL_2 是主轴指示灯。

（三）常见电气故障的分析与检修

摇臂钻床电气控制的特殊环节是摇臂升降、立柱和主轴箱的夹紧与松开。Z3050 型摇臂钻床的工作过程是由电气、机械以及液压系统紧密配合实现的。因此，在维修中不仅要注意电气部分能否正常工作，而且也要注意它与机械和液压部分的协调关系。

（1）摇臂不能升降

由摇臂升降过程可知，升降电动机 M_2 旋转，带动摇臂升降，其条件是使摇臂从立柱上完全松开后，活塞杆压合位置开关 SQ_2。所以发生故障时，应首先检查位置开关 SQ_2 是否动作，如果 SQ_2 不动作，常见故障是 SQ_2 的安装位置移动或已损坏。这样，摇臂虽已放松，但活塞杆压不上 SQ_2，摇臂就不能升降。有时，液压系统发生故障，使摇臂放松不够，也会压不上 SQ_2，使摇臂不能运动。由此可见，SQ_2 的位置非常重要，排除故障时，应配合机械、液压调整好后紧固。

另外，电动机 M_3 电源相序接反时，按上升按钮 SB_4（或下降按钮 SB_5），M_3 反转，使摇臂夹紧，压不上 SQ_2，摇臂也就不能升降。所以，在钻床大修或安装后，一定要检查电源相序。

（2）摇臂升降后，摇臂夹不紧

由摇臂夹紧的动作过程可知，夹紧动作的结束是由位置开关 SQ_3 来完成的，如果 SQ_3 动作过早，使 M_3 尚未充分夹紧就停转。常见的故障原因是 SQ_3 安装位置不合适，或固定螺丝松动造成 SQ_3 移位，使 SQ_3 在摇臂夹紧动作未完成时就被压上，切断了 KM_5 回路，M_3 停转。

排除故障时，首先判断是液压系统的故障（如活塞杆阀芯卡死或油路堵塞造成的夹紧力不够），还是电气系统故障，对电气方面的故障，应重新调整 SQ_3 的动作距离，固定好螺钉即可。

（3）立柱、主轴箱不能夹紧或松开

立柱、主轴箱不能夹紧或松开的可能原因是油路堵塞、接触器 KM_4 或 KM_5 不能吸合所致。出现故障时，应检查按钮 SB_6、SB_7 接线情况是否良好。若接触器 KM_4 或 KM_5 能吸合，M_3 能运转，可排除电气方面的故障，则应请液压、机械修理人员检修油路，以确定是否是油路故障。

（4）摇臂上升或下降限位保护开关失灵

组合开关 SQ_1 的失灵分两种情况：一是组合开关 SQ_1 损坏，SQ_1 触头不能因开关动作而闭合或接触不良使电路断开，由此使摇臂不能上升或下降；二是组合开关 SQ_1 不能动作，触头熔焊，使电路始终处于接通状态，当摇臂上升或下降到极限位置后，摇臂升降电动机 M_2 发生堵转，这时应立即松开 SB_4 或 SB_5。根据上述情况进行分析，找出故障原因，更换或修理失灵的组合开关 SQ_1 即可。

（5）按下 SB_6，立柱、主轴箱能夹紧，但释放后就松开

由于立柱、主轴箱的夹紧和松开机构都采用机械菱形块结构，所以这种故障多为机械原因造成（可能是菱形块和承压块的角度方向装错，或者距离不适当。如果菱形块立不起

来，这是因夹紧力调得太大或夹紧液压系统压力不够所致），可找机械维修工检修。

四、X62W 型万能铣床控制电路分析及故障处理

（一）X62W 型万能铣床的主要结构及运动形式

1. 结构

X62W 型万能铣床的外形结构如图 7-21 所示，它主要由床身、主轴、刀杆、悬梁、工作台、回转盘、横溜板、升降台、底座等几部分组成。

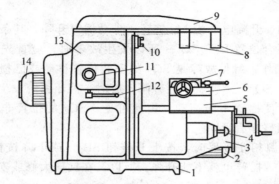

1—底座；2—进给电动机；3—升降台；4—进给变速手柄及变速盘；
5—溜板；6—转动部分；7—工作台；8—刀杆支架；9—悬梁；10—主轴；
11—主轴变速盘；12—主轴变速手柄；13—床身；14—主轴电动机

图 7-21　X62W 型万能铣床外形图

箱形的床身固定在底座上，床身内装有主轴的传动机构和变速操纵机构。在床身的顶部有水平导轨，上面装着带有一个或两个刀杆支架的悬梁。刀杆支架用来支撑铣刀心轴的一端，心轴的另一端则固定在主轴上，由主轴带动铣刀铣削。刀杆支架在悬梁上以及悬梁在床身顶部的水平导轨上都可以做水平移动，以便安装不同的心轴。在床身的前面有垂直导轨，升降台可沿着它上下移动。在升降台上面的水平导轨上，装有可在平行主轴轴线方向移动（前后移动）的溜板。溜板上部有可转动的回转盘，工作台就在溜板上部回转盘上的导轨上做垂直于主轴轴线方向移动（左右移动）。工作台上有 T 形槽，用来固定工件。这样，安装在工作台上的工件就可以在三个坐标上的六个方向调整位置或进给。

此外，由于回转盘相对于溜板可绕中心轴线左右转过一个角度（通常为±45°），因此，工作台在水平面上除了能在平行于或垂直于主轴轴线方向进给外，还能在倾斜方向进给，可以加工螺旋槽，故称万能铣床。

铣削是一种高效率的加工方式。铣床主轴带动铣刀的旋转运动是主运动；铣床工作台的前后（横向）、左右（纵向）和上下（垂直）6 个方向的运动是进给运动；铣床其他的运动，如工作台的旋转运动则属于辅助运动。

2. 运动形式

主运动：刀具（铣刀）的旋转运动。

进给运动：工件（工作台）的移动或进给箱的移动。

辅助运动：工作台快速移动、主轴箱的快速移动以及工作台的旋转运动。

（二）X62W 型万能铣床电力拖动的几点要求

① 主轴应采用制动停车方式。

② 为保证安全，同一时间内只允许一个方向的运动。

③ 主轴电动机与进给电动机有严格的顺序。

④ 矩形工作台与圆形工作台互锁。

（三）X62W 型万能铣床电气控制电路分析

X62W 型万能铣床的电路如图 7-22 所示，该电路分为主电路、控制电路和照明电路三部分。

1．主电路分析

主电路中共有 3 台电动机，M_1 是主轴电动机，拖动主轴带动铣刀进行铣削加工，SA_3 作为 M_1 的换向开关；M_2 是进给电动机，通过操纵手柄和机械离合器的配合拖动工作台前后、左右、上下 6 个方向的进给运动和快速移动，其正反转由接触器 KM_3、KM_4 来实现；M_3 是冷却泵电动机，供应切削液，且当 M_1 启动后 M_3 才能启动，用手动开关 QS_2 控制；3 台电动机共用熔断器 FU_1 作短路保护，3 台电动机分别用热继电器 FR_1、FR_2、FR_3 作过载保护。

2．控制电路分析

控制电路的电源由控制变压器 TC 输出 110V 电压供电。

（1）主轴电动机 M_1 的控制

为了方便操作，主轴电动机 M_1 采用两地控制方式，一组安装在工作台上；另一组安装在床身上。SB_1 和 SB_2 是两组启动按钮并接在一起，SB_5 和 SB_6 是两组停止按钮串接在一起。KM_1 是主轴电动机 M_1 的启动接触器，YC_1 是主轴制动用的电磁离合器，SQ_{1-1} 是主轴变速时瞬时点动的位置开关。主轴电动机是经过弹性联轴器和变速机构的齿轮传动链来实现传动的，可使主轴具有 18 级不同的转速（30～1500r/min）。

① 主轴电动机 M_1 的启动　启动前，应首先选择好主轴的转速，然后合上电源开关 QS_1，再把主轴换向开关 SA_3 扳到所需要的转向。SA_3 的位置及动作说明见表 7-2。

表 7-2　SA_3 的位置及动作说明

位置	正转	停止	反转
SA_{3-1}	－	－	＋
SA_{3-2}	＋	－	－
SA_{3-3}	＋	－	－
SA_{3-4}	－	－	＋

按下启动按钮 SB_1（或 SB_2），接触器 KM_1 线圈得电，KM_1 主触头和自锁触头闭合，主轴电动机 M_1 启动运转，KM_1 常开辅助触头（9-10）闭合，为工作台进给电路提供了电源。

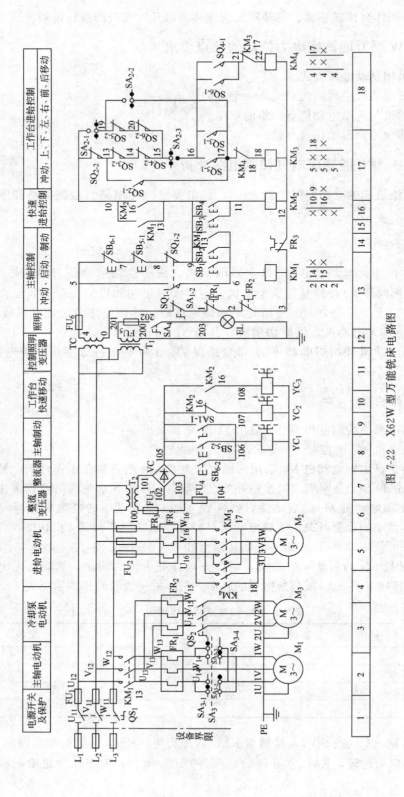

图 7-22 X62W 型万能铣床电路图

② 主轴电动机 M_1 的制动

当铣削完毕，需要主轴电动机 M_1 停止时，按下停止按钮 SB_5（或 SB_6），SB_{5-1}（或 SB_{6-1}）常闭触头（13 区）分断，接触器 KM_1 线圈失电，KM_1 触头复位，电动机 M_1 断电惯性运转，SB_{5-2}（或 SB_{6-2}）常开触头（8 区）闭合，接通电磁离合器 YC_1，主轴电动机 M_1 制动停转。

③ 主轴换铣刀控制 M_1 停转后并不处于制动状态，主轴仍可自由转动。在主轴更换铣刀时，为避免主轴转动，造成更换困难，应将主轴制动。方法是将转换开关 SA_1 扳向换刀位置，这时常开触头 SA_{1-1}（8 区）闭合，电磁离合器 YC_1 线圈得电，主轴处于制动状态以方便换刀；同时常闭触头 SA_{1-2}（13 区）断开，切断了控制电路，铣床无法运行，保证了人身安全。

④ 主轴变速时的瞬时点动（冲动控制） 主轴变速操纵箱装在床身左侧窗口上，主轴变速由一个变速手柄和一个变速盘来实现。主轴变速时的冲动控制，是利用变速手柄与冲动位置开关 SQ_1 通过机械上的联动机构进行控制的。变速时，先把变速手柄 3 下压，使手柄的榫块从定位槽中脱出，然后向外拉动手柄使榫块落入第二道槽内，使齿轮组脱离啮合。转动变速盘 4 选定所需转速后，把手柄 3 推回原位，使榫块重新落进槽内，使齿轮组重新啮合（这时已改变了传动比）。变速时为了使齿轮容易啮合，扳动手柄复位时电动机 M_1 会产生一冲动。在手柄 3 推进时，手柄上装的凸轮 1 将弹簧杆 2 推动一下又返回，这时弹簧杆 2 推动—T 位置开关 SQ_1（13 区），使 SQ_1 的常闭触头 SQ_{1-2} 先分断，常开触头 SQ_{1-1} 后闭合，接触器 KM_1 瞬时得电动作，电动机 M_1 瞬时启动；紧接着凸轮 1 放开弹簧杆 2，位置开关 SQ_1 触头复位，接触器 KM_1 断电释放，电动机 M_1 断电。此时电动机 M_1 因未制动而惯性旋转，使齿轮系统抖动，在抖动时刻，将变速手柄 3 先快后慢地推进去，齿轮便顺利地啮合。当瞬时点动过程中齿轮系统没有实现良好啮合时，可以重复上述过程直到啮合为止。变速前应先停车。

（2）进给电动机 M_2 的控制

工作台的进给运动在主轴启动后方可进行。工作台的进给可在 3 个坐标的 6 个方向运动，即工作台在回转盘上的左右运动；工作台与回转盘一起在溜板上和溜板一起前后运动；升降台在床身的垂直导轨上做上下运动。这些进给运动是通过两个操纵手柄和机械联动机构控制相应的位置开关使进给电动机 M_2 正转或反转来实现的，并且 6 个方向的运动是联锁的，不能同时接通。

① 圆形工作台的控制 为了扩大铣床的加工范围，可在铣床工作台上安装附件——圆形工作台，进行对圆弧或凸轮的铣削加工。转换开关 SA_2 就是用来控制圆形工作台的。当需要圆形工作台旋转时，将开关 SA_2 扳到接通位置，这时触头 SA_{2-1} 和 SA_{2-3} 断开，触头 SA_{2-2} 闭合，电流经 10—13—14—15—20—19—17—18 路径，使接触器 KM_3 得电，电动机 M_2 启动，通过一根专用轴带动圆形工作台做旋转运动。当不需要圆形工作台旋转时，转换开关 SA_2 扳到断开位置，这时触头 SA_{2-1} 和 SA_{2-3} 闭合，触头 SA_{2-2} 断开，以保证工作台在 6 个方向的进给运动，因为圆工作台的旋转运动和 6 个方向的进给运动也是联锁的。

② 工作台的左右进给运动 工作台的左右进给运动由左右进给操作手柄控制。操作手柄与位置开关 SQ_5 和 SQ_6 联动，有左、中、右三个位置。当手柄扳向中间位置时，位置开关 SQ_5 和 SQ_6 均未被压合，进给控制电路处于断开状态；当手柄扳向左或右位置时，

手柄压下位置开关 SQ_5 或 SQ_6，使常闭触头 SQ_{5-2} 或 SQ_{6-2} 分断，常开触头 SQ_{5-1} 或 SQ_{6-1} 闭合，接触器 KM_3 或 KM_4 得电动作，电动机 M_2 正转或反转。由于在 SQ_5 或 SQ_6 被压合的同时，通过机械机构已将电动机 M_2 的传动链与工作台下面的左右进给丝杠相搭合，所以电动机 M_2 的正转或反转就拖动工作台向左或向右运动。当工作台向左或向右进给到极限位置时，由于工作台两端各装有一块限位挡铁，所以挡铁碰撞手柄连杆使手柄自动复位到中间位置，位置开关 SQ_5 或 SQ_6 复位，电动机的传动链与左右丝杠脱离，电动机 M_2 停转，工作台停止了进给，实现了左右运动的终端保护。

③ 工作台的上下和前后进给　工作台的上下和前后进给运动是由一个手柄控制的。该手柄与位置开关 SQ_3 和 SQ_4 联动，有上、下、前、后、中五个位置。当手柄扳至中间位置时，位置开关 SQ_3 和 SQ_4 均未被压合，工作台无任何进给运动；当手柄扳至下或前位置时，手柄压下位置开关 SQ_3 使常闭触头 SQ_{3-2} 分断，常开触头 SQ_{3-1} 闭合，接触器 KM_3 得电动作，电动机 M_2 正转，带动着工作台向下或向前运动；当手柄扳向上或后时，手柄压下位置开关 SQ_4，使常闭触头 SQ_{4-2} 分断，常开触头 SQ_{4-1} 闭合，接触器 KM_4 得电动作，电动机 M_2 反转，带动着工作台向上或向后运动。这里，为什么进给电动机 M_2 只有正反两个转向，而工作台却能够在四个方向进给呢？这是因为当手柄扳向不同的位置时，通过机械机构将电动机 M_2 的传动链与不同的进给丝杠相搭合的缘故。当手柄扳向下或上时，手柄在压下位置开关 SQ_3 或 SQ_4 的同时，通过机械机构将电动机 M_2 的传动链与升降台上下进给丝杠搭合，当 M_2 得电正转或反转时，就带着升降台向下或向上运动；同理，当手柄扳向前或后时，手柄在压下位置开关 SQ_3 或 SQ_4 的同时，又通过机械机构将电动机 M_2 的传动链与溜板下面的前后进给丝杠搭合，当 M_2 得电正转或反转时，就又带着溜板向前或向后运动。和左右进给一样，当工作台在上、下、前、后四个方向的任一个方向进给到极限位置时，挡铁都会碰撞手柄连杆，使手柄自动复位到中间位置，位置开关 SQ_3 或 SQ_4 复位，上下丝杠或前后丝杠与电动机传动链脱离，电动机和工作台就停止了运动。

由以上分析可见，两个操作手柄被置定于某一方向后，只能压下四个位置开关 SQ_3、SQ_4、SQ_5、SQ_6 中的一个开关，接通电动机 M_2 正转或反转电路，同时通过机械机构将电动机的传动链与三根丝杠（左右丝杠、上下丝杠、前后丝杠）中的一根（只能是一根）丝杠相搭合，拖动工作台沿选定的进给方向运动，而不会沿其他方向运动。工作台进给控制关系见表 7-3。

表 7-3　工作台进给控制关系

手柄位置	接通离合器	位置开关动作	接触器动作	电动机转向	工作台进给方向
左	横向离合器	SQ_5	KM_3	正转	向左
中	—	—	—	—	—
右	横向离合器	SQ_6	KM_4	反转	向右
上	垂直离合器	SQ_4	KM_4	反转	向上
下	垂直离合器	SQ_3	KM_3	正转	向下
中	—	—	—	—	—
前	纵向离合器	SQ_3	KM_3	正转	向前
后	纵向离合器	SQ_4	KM_4	反转	向后

④ 左右进给手柄与上下前后进给手柄的联锁控制　在两个手柄中，只能进行其中一个进给方向上的操作，即当一个操作手柄被置定在某一进给方向后，另一个操作手柄必须

置于中间位置，否则将无法实现任何进给运动，这是因为在控制电路中对两者实行了联锁保护。如当把左右进给手柄扳向左时，若又将另一个进给手柄扳到向下进给方向，则位置开关 SQ_5 和 SQ_3 均被压下，触头 SQ_{5-2} 和 SQ_{3-2} 均分断，断开了接触器 KM_3 和 KM_4 的通路，电动机 M_2 只能停转，保证了操作安全。

⑤ 进给变速时的瞬时点动　和主轴变速时一样，进给变速时，为使齿轮进入良好的啮合状态，也要进行变速后的瞬时点动。进给变速时，必须先把进给操纵手柄放在中间位置，然后将进给变速盘（在升降台前面）向外拉出，使进给齿轮松开，转动变速盘选定进给速度后，再将变速盘向里推回原位，齿轮便重新啮合。在推进的过程中，挡块压下位置开关 SQ_2（17 区），使触头 SQ_{2-2} 分断，SQ_{2-1} 闭合，接触器 KM_3 经 10—19—20—15—14—13—17—18 路径得电动作，电动机 M_2 启动；但随着变速盘复位，位置开关 SQ_2 跟着复位，使 KM_3 断电释放，M_2 失电停转。这样使电动机 M_2 瞬时点动一下，齿轮系统产生一次抖动，齿轮便顺利啮合了。

⑥ 工作台的快速移动控制　为了提高劳动生产率，减少生产辅助工时，在不进行铣削加工时，可使工作台快速移动。6 个进给方向的快速移动是通过两个进给操作手柄和快速移动按钮配合实现的。

安装好工件后，扳动进给操作手柄选定进给方向，按下快速移动按钮 SB_3 或 SB_4（两地控制），接触器 KM_2 得电，KM_2 常闭触头（9 区）分断，电磁离合器 YC_2 失电，将齿轮传动链与进给丝杠分离。KM_2 两对常开触头闭合，一对使电磁离合器 YC_3 得电，将电动机 M_2 与进给丝杠直接搭合；另一对使接触器 KM_3 或 KM_4 得电动作，电动机 M_2 得电正转或反转，带动工作台沿选定的方向快速移动。由于工作台的快速移动采用的是点动控制，故松开 SB_3 或 SB_4，快速移动停止。

（3）冷却泵及照明电路的控制

主轴电动机 M_1 和冷却泵电动机 M_3 采用的是顺序控制，即只有在主轴电动机 M_1 启动后冷却泵电动机 M_3 才能启动。冷却泵电动机 M_3 由组合开关 QS_2 控制。

铣床照明由变压器 T_1 供给 24V 的安全电压，由开关 SA_4 控制。熔断器 FU_5 作照明电路的短路保护。

X62W 型万能铣床电器元件明细表见表 7-4。X62W 型万能铣床电箱内电器布置图和电器位置图分别如图 7-23 和图 7-24 所示。

表 7-4　X62W 型万能铣床电器元件明细表

代号	名称	型号	规格	数量	用途
M_1	主轴电动机	Y132M—4—B3	7.5kW，380V，1450r/min	1	驱动主轴
M_2	进给电动机	Y90L—4	1.5kW，380V，1400r/min	1	驱动进给
M_3	冷却泵电动机	JCB—22	125W，380V，2790r/min	1	驱动冷却泵
QS_1	开关	HZ10—60/3J	60A，380V	1	电源总开关
QS_2	开关	HZ10—10/3J	10A，380V	1	冷却泵开关
SA_1	开关	LS2—3A		1	换刀开关
SA_2	开关	HZ10—10/3J	10A，380V	1	圆工作台开关
SA_3	开关	HZ3—133	10A，500V	1	M_1 换向开关
FU_1	熔断器	RL1—60	60A，熔体 50A	3	电源短路保护
FU_2	熔断器	RL1—15	15A，熔体 10A	3	进给短路保护

续表

代号	名称	型号	规格	数量	用途
FU_3，FU_6	熔断器	RL1—15	15A，熔体 2A	2	整流、控制电路短路保护
FU_4，FU_5	熔断器	RL1—15	15A，熔体 2A	2	直流、照明电路短路保护
FR_1	热继电器	JR0—40	整定电流 16A	1	M_1 过载保护
FR_2	热继电器	JR10—10	整定电流 0.43A	1	M_3 过载保护
FR_3	热继电器	JR10—10	整定电流 3.4A	1	M_2 过载保护
T_2	变压器	BK—100	380/36V	1	整流电源
TC	变压器	BK—150	380/110V	1	控制电路电源
T_1	照明变压器	BK—50	50V，380/24V	1	照明电源
VC	整流器	2CZ×4	5A，50V	1	整流用
KM_1	接触器	CJ0—20	20A，线圈电压 110V	1	主轴启动
KM_2	接触器	CJ0—10	10A，线圈电压 110V	1	快速进给
KM_3	接触器	CJ0—10	10A，线圈电压 110V	1	M_2 正转
KM_4	接触器	CJ0—10	10A，线圈电压 110V	1	M_2 反转
SB_1，SB_2	按钮	LA_2	绿色	2	启动 M_1
SB_3，SB_4	按钮	LA_2	黑色	2	快速进给点动
SB_5，SB_6	按钮	LA_2	红色	2	停止、制动
YC_1	电磁离合器	BIDL—III		1	主轴制动
YC_2	电磁离合器	BIDL—II		1	正常进给
YC_3	电磁离合器	BIDL—II		1	快速进给
SQ_1	位置开关	LX3—11K	开启式	1	主轴冲动开关
SQ_2	位置开关	LX3—11K	开启式	1	进给冲动开关
SQ_3	位置开关	LX3—131	单轮自动复位	1	M_2 正、反转及联锁
SQ_4	位置开关	LX3—131	单轮自动复位	1	
SQ_5	位置开关	LX3—11K	开启式	1	
SQ_6	位置开关	LX3—11K	开启式	1	

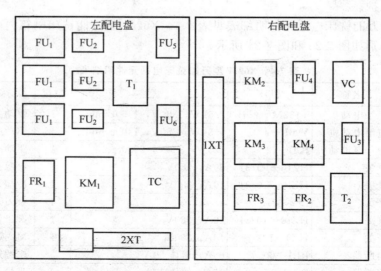

图 7-23 X62W 型万能铣床电箱内电器布置图

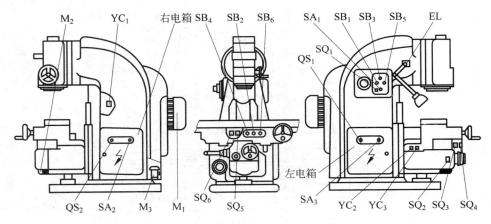

图 7-24　X62W 型万能铣床电器位置图

五、M7120 型平面磨床控制电路分析及故障处理

磨床是机械制造中广泛用于获得高精度、高质量零件加工表面的精密机床，它是利用砂轮周边或端面进行加工的。磨床的种类很多，按其性质可分为外圆磨床、内圆磨床、内外圆磨床、平面磨床、工具磨床以及一些专用磨床。磨床上的主切削刀具是砂轮，平面磨床就是用砂轮来磨削加工各种零件的平面的最普通的一种机床。

1. M7120 型平面磨床的结构和运动分析

M7120 型平面磨床的结构如图 7-25 所示。它由床身、工作台、电磁吸盘、砂轮箱、滑座、立柱及撞块等组成。

工作台上装有电磁吸盘，用以吸持工件，工作台在床身的导轨上做往返运动，主轴可在床身的横向导轨上做横向进给运动，砂轮箱可在立柱导轨上做垂直运动。平面磨床的主运动是砂轮的旋转运动。工作台的纵向往返移动为进给运动，砂轮箱升降运动为辅助运动。工作台每完成一次纵向进给时，砂轮自动做一次横向进给，当加工完整个平面以后，砂轮由手动做垂直进给。

M7120 型平面磨床共有四台电动机，砂轮电动机是主运动电动机，直接带动砂轮旋转；砂轮升降电动机拖动拖板沿立柱导轨上下移动；液压泵电动机拖动高压油泵，高压油供给液压系统；工作台的往复运动是由液压系统传动的；冷却泵由另一台电动机拖动。

2. 电力拖动特点及控制要求

(1) 电力拖动的特点

采用多电机拖动，机床运行要求平稳，采用液压传动台，由单独的电动机拖动液压泵；砂轮要求高速旋转，主电动机采用一对磁极的异步电动机；为保持工件的精度，用电磁吸盘吸牢工件；磨削过程中必须提供冷却液，要有冷却泵。四台电机全部采用普通笼型交流异步电动机，磨床的砂轮箱升降和冷却泵不要求调速；工作台往返运动是靠液压传动装置进行的，采用液压无级调速，运行平稳；换向是通过工作台上的撞块碰撞床身上的液

213

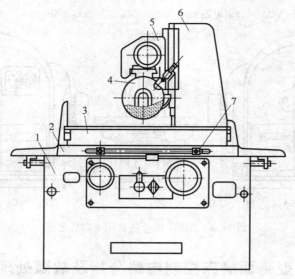

1—床身；2—工作台；3—电磁吸盘；
4—砂轮箱；5—滑座；6—立柱；7—撞块

图 7-25　M7120 型平面磨床的结构示意图

压换向开关来实现的。

（2）控制要求

① 砂轮电动机、液压泵电动机和冷却泵电动机只要求单方向旋转，因容量不大，故采用直接启动。砂轮箱升降电动机要求能正反转。

② 冷却泵电动机要求在砂轮电动机运转后才能启动。

③ 应具有完善的保护环节，如电动机的短路保护、过载保护、零压保护、电磁吸盘的欠压保护等，同时电磁吸盘要有去磁控制环节。

④ 有必要的信号指示和局部照明。

3. 电气控制电路分析

如图 7-26 是 M7120 型平面磨床的电气控制原理图，该电路由主电路、控制电路、电磁吸盘控制电路和辅助电路四部分组成。

（1）主电路分析

1M 为液压泵电动机，由 KM_1 主触点控制；2M 为砂轮电动机，3M 为冷却泵电动机，这两台电动机都由 KM_2 的主触点控制。4M 为砂轮箱升降电动机，由 KM_3、KM_4 的主触点分别控制。FU_1 对四台电动机和控制电路进行短路保护，FR_1、FR_2、FR_3 分别对 1M、2M、3M 进行过载保护。砂轮升降电动机因运转时间短，可以不设置过载保护。

（2）控制电路分析

当电源电压正常时，整流电源输出直流电压也正常，合上电源总开关 QS，则在图区 17 上的电压继电器 KUV 线圈通电吸合，使图区 7 上的常开触点闭合，为启动电机等有效操作做好准备。

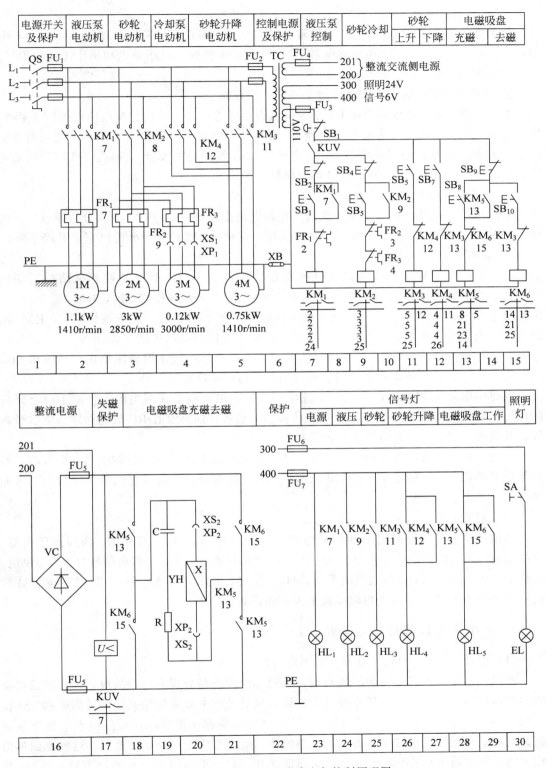

图 7-26 M7120 型平面磨床电气控制原理图

① 液压泵电动机 1M 的控制。

合上电源总开关 QS，图区 7 上的常开触点 KUV 闭合，为液压电动机 1M 和砂轮电动机 2M 做好准备。按下 SB$_3$，接触器 KM$_1$ 线圈通电吸合，液压泵电动机 1M 启动运转。按下停止按钮 SB$_2$，1M 停转。

② 砂轮电动机 2M 及冷却液泵电动机 3M 的控制。

电动机 2M 及 3M 也必须在 KUV 通电吸合后才能启动。其的控制电路在图区 8 和 9，冷却液泵电动机 3M 通过 XS$_1$ 与接触器 KM$_2$ 相接，如果不需要该电机工作，则可将 XS$_1$ 与 XP$_1$ 分开，否则，按启动按钮 SB$_5$，接触器 KM$_2$ 线圈通电吸合，2M 与 3M 同时启动运转。按停止按钮 SB$_4$，则 2M 与 3M 同时停转。

③ 砂轮升降电动机 4M 的控制。

采用接触器联锁的点动正反转控制，控制电路位于图区 11 和 12 处，分别通过按下按钮 SB$_6$ 或 SB$_7$，来实现正反转控制，放开按钮，电动机 4M 停转，砂轮停止上升或下降。

④ 电磁工作台的控制。

电磁工作台又称电磁吸盘，它是固定加工工件的一种夹具。其控制电路位于图区 13～21，当电磁工作台上放上铁磁材料的工件后，按下充磁按钮 SB$_8$，KM$_5$ 通电吸合，电磁吸盘 YH 通入直流电流进行充磁将工件吸牢。加工完毕后，按下按钮 SB$_9$，KM$_5$ 断电释放，电磁吸盘断电，但由于剩磁作用，要取下工件，必须再按下按钮 SB$_{10}$ 进行去磁，它通过接触器 KM$_6$ 的吸合，给 YH 通入反向直流电流来实现。但要注意按点动按钮 SB$_{10}$ 的时间不能过长，否则电磁吸盘将会被反向磁化而仍不能取下工件。

电路中电阻 R 和电容 C 组成一个放电回路，当电磁吸盘在断电瞬间，由于电磁感应的作用，将会在 YH 两端产生一个很高的自感电动势，如果没有 RC 放电回路，电磁吸盘线圈及其他电器的绝缘将有被击穿的危险。

欠电压继电器并联在整流电源两端，当直流电压过低时，欠电压继电器立即释放，使液压泵电动机 1M 和砂轮电动机 2M 立即停转，从而避免由于电压过低使 YH 吸力不足而导致工件飞出造成事故。

（3）辅助电路

辅助电路主要是信号指示和照明电路，位于图 22～30 区，其中 EL 为局部照明灯，由控制变压器 TC 供电，工作电压为 36V，由手动开关 SA 控制。其余信号灯由 TC 供电，工作电压为 6.3V。HL$_1$ 为电源指示灯，HL$_2$ 为 1M、HL$_3$ 为 2M、HL$_4$ 为 3M（或 4M 同时）运转的指示灯，HL$_5$ 为电磁吸盘的工作指示灯。

4. 机床常见故障现象的分析

（1）电动机 1M、2M、3M 和 4M 不能启动

若四台电动机的其中一台不能启动，其故障的检查与分析方法较简单，与正转或正反转的基本控制环节类似，如果说有区别的话，只是控制电源采用控制变压器供电和 3M 在主电路采用了接插件连接。如果 1M～3M 三台电动机都不能启动，则应检查电磁吸盘电路的电源是否接通、电路是否有故障、整流器的输出直流电压是否过低等，这些原因都会使欠电压继电器 KUV 不能吸合，造成图区 7 中 KUV 不能闭合，从而使 KM$_1$、KM$_2$ 线圈不能获电。

（2）电磁吸盘 YH 没有吸力

① 检查 FU_4、FU_5 是否熔断。

② 按下 SB_8，KM_5 吸合后，拔出 YH 的插头 XP_2，用万用表直流电压挡测量插座 XS_2 是否有电压。若有电且电压正常，则应检查 YH 线圈是否断路；若无电，则故障点一般在整流电路中。

③ 检查整流器的输入交流电压和输出直流电压是否正常，若输出电压正常，则可检查 KM_5 主触点接触是否良好和线头是否松脱。如输出电压为零，则应检查是否有输入电压，若输入电压也正常，那么故障点可能就在整流器中，应检查桥臂上的二极管及接线是否存在断路故障。其方法是拔下 FU_4、FU_5，逐个测量每只二极管的正反向电阻，二次测量读数都很大的一只二极管即为断路管；二次测量读数都很小或为零的管子为短路管；只有当二次读数相差很大时，管子的单向导电性能才良好，即为合格管，此时应检查桥堆的接点是否有松脱和脱焊故障。如果输入电压为零，应先检查 FU_4，然后再检查控制变压器 TC 的输入、输出电压是否正常，绕组是否有断路、短路故障。

（3）电磁吸盘吸力不足

一般是由于 YH 两端电压过低或 YH 线圈局部存在短路故障所致。

① 检查整流器输入端的交流电源电压是否过低，如果电压正常且整流器输出直流电压也正常，则可拔下 YH 的插头 XP_2，测量 XP_2 插座两端的直流空载电压，若测得空载电压也正常，而接上 YH 后电压降落不大，则故障可能是由于 YH 部分线圈有断路故障或插销接触不良所致；如果空载电压正常，而接上 YH 后压降较大，则故障可能是由于 YH 线圈部分有短路点或 KM_5 的主触点及各接处的接触电阻过大所致；如果测得空载电压过低，可先检查电阻 R 是否会因 C 被击穿而烧毁引起 RC 电路短路故障，否则，故障点在整流电路中。

② 如果前面检查都正常，仅为整流器输出直流电压过低，则故障点必定在整流电路。如测得直流电压约为额定值的一半，则应检查桥臂上的二极管是否有断路或接点脱落故障，除采用万用表检查外，还可用手摸管壳温度是否正常，如有断路故障的一只二极管及与它相对的另一只二极管，由于没有流过电流，温度要比其他两只低。同时要注意二极管中是否有短路故障存在，如有一只二极管短路，则会使相邻一个桥臂上的二极管因流过短路电流而被烧毁，同时 TC 二次侧也有很大短路电流流过，若 FU_4 选配过大，变压器也将有被烧毁的可能。

电磁吸盘重绕制，在拆线时应记住每个线圈的圈数、绕向、放置方式，并且使用相同型号的导线绕制。修理完毕，应进行吸力测试。

（4）电磁吸盘退磁效果差，造成工件难以取下

其故障原因在于退磁电压过高或去磁回路断开，无法去磁或去磁时间掌握不好等。

任务实施

1. 通过观察、具体操纵 CA6140 进一步熟悉其动作过程，了解电机的运动情况，学生向操作人员请教车床常出现的故障，并做详细记录。分组讨论所记录问题，提出解决方案。

2. 设置典型故障，学生分组讨论解决，注意安全。

 **知识拓展**

电气控制电路的分析方法

1. 结合典型控制电路分析电路：化整为零→集零为整。

2. 结合基础理论分析电路：正反转、调速、低压电器元件、交直流电源。与"电路分析"、"电子技术"、"电机拖动"等课程所学内容相关。

3. 分析电路的步骤。

(1) 电路图中的说明和备注：了解电路的具体功能。

(2) 分清电路的各个部分：主电路、控制电路、辅助电路。

(3) 化整为零：先分析主电路，从下往上，从用电设备到电源；后分析控制电路，从上往下，从左往右；最后分析辅助电路、保护环节等。

(4) 集零为整：三部分合并，研究整体。

技能训练一：用按钮和接触器控制电动机
单向运转电路的安装

一、训练目的

1. 通过一个由按钮和接触器组成的电动机单向运转电路的设计，掌握继电器-接触器控制电路的基本设计方法。

2. 学会安装按钮和接触器控制的电动机单向运转控制电路。

3. 训练继电器-接触器控制电路常见故障的分析与检修技能。

二、工具器材

万用表、螺丝刀、钢丝钳、尖嘴钳、电工刀、试电笔等常用电工工具一套，交流接触器、热继电器、熔断器、隔离开关、常开按钮、常闭按钮、电动机、导线等若干。

三、训练步骤及内容

1. 根据所给元器件设计一个用按钮和接触器控制的电动机单向运转启、停控制电路。

2. 清理并检测所需元器件，将元器件型号、规格、质量检查情况记入表7-5中。

3. 在事先准备的配电板上，参照设计图纸布置元件、接好电路，画出元器件安装布置图。

表 7-5　电路元器件清单

故障设置元件	故　障　点	故　障　现　象
常开按钮	触头接触不良	
接触器	线圈接线松脱	
接触器	自锁触头接触不良	
接触器	主触头有一相接触不良	
接触器	主触头有二相接触不良	
热继电器	整定值调得太小	
热继电器	常闭触头接触不良	

4. 在已安装完工经检查合格的电路上，人为设置故障，通电运行，观察故障现象，并将故障现象记入表 7-6 中。

表 7-6　电路故障情况记录表

故障设置元件	故　障　点	故　障　现　象
常开按钮	触头接触不良	
接触器	线圈接线松脱	
接触器	自锁触头接触不良	
接触器	主触头有一相接触不良	
接触器	主触头有二相接触不良	
热继电器	整定值调得太小	
热继电器	常闭触头接触不良	

技能训练二：X62W 型万能铣床的操作与故障检修

一、训练目的

1. 了解机床的各种工作状态以及操作手柄的作用，掌握机床的操作方法。

2. 观察机床电器元件，特别是行程开关、转换开关的安装位置，接线情况以及操作手柄处于不同位置时，行程开关的工作状态。

3. 在机床上人为设置故障点，训练机床故障的检修及排除方法。

二、工具器材

万用表、螺丝刀、钢丝钳、尖嘴钳、电工刀、试电笔等常用电工工具一套，X62W 型铣床等。

三、训练步骤及内容

1. 对照图 7-27 所示的 X62W 型万能铣床控制电器安装位置示意图，观察机床电器元件，如电动机、行程开关、转换开关以及其他控制开关、操纵按钮的安装位置，以及操作手柄处于不同位置时，行程开关的工作状态。

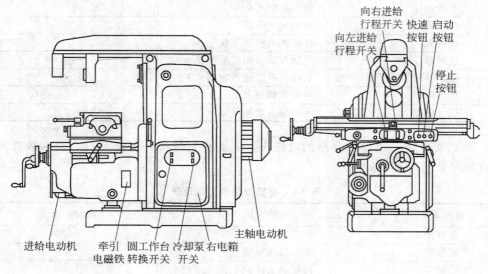

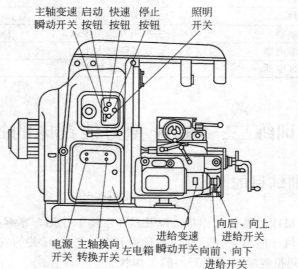

图 7-27　X62W 型万能铣床控制电器安装位置示意图

2. 打开电控箱，按图 7-27 电路所示，查找表 7-7 所列出的元器件，将元件型号、规格、质量状况记入表 7-7 中。

表 7-7　电路元器件清单表

元 件 名 称	型 号	规 格	质 量 状 况
接触器 KM_1			
接触器 KM_2			
接触器 KM_3			
热继电器 FR_1			

续表

元 件 名 称	型号	规格	质 量 状 况
热继电器 FR$_2$			
热继电器 FR$_3$			
主电路熔断器 FU$_1$			
控制电路熔断器 FU$_4$			
电源隔离开关 QS$_1$			
电动机 M$_1$			
电动机 M$_2$			

3. 在机床通电并能正常运行的基础上，人为设置故障（每次 1～2 个故障），观察故障现象，记入表 7-8 中。然后，按照故障检修程序，分析排除故障。

表 7-8　电路故障情况记录表

故障设置元件	故 障 点	故 障 现 象
主轴启动按钮 SB$_1$	触头接触不良	
接触器 KM$_1$	自锁触头接触不良	
接触器 KM$_1$	某相主触头接触不良	
接触器 KM$_3$	线圈端子接触不良	
控制电路熔断器 FU$_4$	熔丝断	
热继电器 FR$_1$	常闭触头接触不良	